中国乡村振兴——
苹果种植户绿色防控技术采纳及其效应研究

姜昊辰　王玉斌◎著

U0312034

经济日报 出版社

北　京

图书在版编目（CIP）数据

中国乡村振兴：苹果种植户绿色防控技术采纳及其
效应研究／姜昊辰，王玉斌著 . -- 北京：经济日报出
版社，2024. 12. -- ISBN 978-7-5196-1532-1

Ⅰ. S436. 611

中国国家版本馆 CIP 数据核字第 2024EM3212 号

中国乡村振兴——苹果种植户绿色防控技术采纳及其效应研究

ZHONGGUO XIANGCUN ZHENXING——PINGGUO ZHONGZHIHU LÜSE FANGKONG
JISHU CAINA JIQI XIAOYING YANJIU

姜昊辰　王玉斌　著

出版发行：*经济日报* 出版社

地	址：	北京市西城区白纸坊东街 2 号院 6 号楼
邮	编：	100054
经	销：	全国各地新华书店
印	刷：	北京文昌阁彩色印刷有限责任公司
开	本：	710mm×1000mm　1/16
印	张：	12. 75
字	数：	190 千字
版	次：	2024 年 12 月第 1 版
印	次：	2024 年 12 月第 1 次
定	价：	62. 00 元

前　言

近年来，我国绿色防控技术发展迅速，但其推广应用的广度和强度皆存在较大提升空间，而且农户采纳成效不甚理想，这就亟须工作人员深入研究，使绿色防控技术能够在更大的范围内普及开来。具体而言，首先，农户对此类技术的认识仍处于较低水平，绿色防控理念得不到农户青睐的基本现状仍未得到明显改善，绿色防控技术的推广和普及仍任重道远，因此研究农户绿色防控技术采纳决策机理意义重大；其次，在劳动力、资源、环境等要素约束趋紧背景下，我国农村劳动力数量和质量皆呈现下降趋势，且土地资源有限、环保问题凸显，能否达成绿色防控技术的有效推广与环境效应发挥的协同实现仍有待实证检验；最后，在农资价格与日俱增、农产品利润空间收窄的背景下，绿色防控技术的采纳能否提升农户农业生产绩效仍有待进一步探讨。

基于以上背景，本研究聚焦于苹果种植户绿色防控技术采纳行为及其效应，重点回答以下三个问题。第一，基于家庭收益最大化，苹果种植户采纳绿色防控技术的经济效应如何？包括能否实现农户家庭收入增收以及是否有助于农户技术效率的提升。第二，在明确绿色防控技术经济效应情况的基础上，推动和抑制苹果种植户采纳绿色防控技术的因素分别有哪些？不同因素与采纳强度之间的层级关系如何？第三，基于资源环境约束背景，苹果种植户采纳绿色防控技术的环境效应如何？能否实现生态系统内农药投放量的减少？

本研究在理论分析的基础上，以山东省烟台市、临沂市两市苹果种植户为研究对象，采用 OLS 方法、内生处理效应回归模型、随机前沿分析方法、内生转换模型、零膨胀泊松回归模型、有序 Probit 模型、工具变量分位数回归模型、倾向得分匹配方法等计量回归方法对上述问题展开实证研究。

从农户视角来看，绿色防控技术的采纳可以提高农户的农业经营性收入，提高农业生产的技术效率，实现收入增加和节本增效；从政府视角来看，绿色防控技术的推广和扩散既有助于帮助农户增收，又有助于保护环境，是一项兼顾经济效应和环境效应、值得采取有效措施大力推广的绿色生产技术；从技术采纳的角度来看，农户绿色防控技术采纳的广度和强度均不高，损失厌恶、农业补贴以及来源于社会网络的信息获取是影响农户绿色防控技术采纳的重要因素；从技术推广的角度来看，农技推广、农业补贴是推广绿色防控技术的良好手段，而采纳绿色防控技术的农产品不能得到苹果收购商的更高报价，这是绿色防控技术推广的重要阻碍。

基于上述结论，本书提出相关的对策建议，涉及拓宽绿色防控技术推广渠道、优化技术的普及策略、减小技术推广过程中遭受的外部阻力和助力农产品认证与绿色规模生产。

作者
2024 年 6 月

目　录

第一章　导　论 ……………………………………………… 1

　第一节　研究背景与研究意义 ……………………………… 1

　第二节　文献回顾及评述 …………………………………… 4

　第三节　研究目标与研究内容 ……………………………… 19

　第四节　研究方法、技术路线与数据来源 ………………… 21

　第五节　可能的创新之处 …………………………………… 25

　第六节　研究思路与篇章结构 ……………………………… 26

第二章　概念界定与理论基础 ……………………………… 30

　第一节　相关概念界定 ……………………………………… 30

　第二节　理论基础 …………………………………………… 33

　第三节　理论分析框架 ……………………………………… 49

第三章　苹果产业、绿色防控技术与调研情况 …………… 53

　第一节　苹果产业情况 ……………………………………… 53

　第二节　病虫害防治发展历程和绿色防控技术 ………… 57

　第三节　实地调研情况分析 ………………………………… 62

第四章　绿色防控技术采纳对农户家庭收入的影响 ……… 73

　第一节　引言 ………………………………………………… 73

　第二节　绿色防控技术的增收机制 ………………………… 74

　第三节　模型构建与变量选择 ……………………………… 77

　第四节　绿色防控技术采纳增收效应及其异质性的实证结果 … 84

　第五节　本章小结 …………………………………………… 95

第五章　绿色防控技术采纳对农户技术效率的影响 ·················· 96

　第一节　引言 ···················· 96

　第二节　绿色防控技术采纳对农户技术效率的影响机制 ·········· 97

　第三节　模型构建与变量选择 ···················· 99

　第四节　绿色防控技术采纳影响农户技术效率的实证结果 ········ 106

　第五节　本章小结 ···················· 111

第六章　农户绿色防控技术采纳行为分析 ···················· 112

　第一节　引言 ···················· 112

　第二节　农户采纳绿色防控技术行为的理论逻辑 ·········· 113

　第三节　模型构建与变量选择 ···················· 121

　第四节　农户绿色防控技术采纳行为影响因素分析的实证

　　　　　结果 ···················· 128

　第五节　本章小结 ···················· 142

第七章　绿色防控技术采纳的环境效应 ···················· 144

　第一节　引言 ···················· 144

　第二节　绿色防控技术采纳对农药投放强度和浓度影响的

　　　　　机理 ···················· 145

　第三节　模型构建与变量选择 ···················· 149

　第四节　绿色防控技术采纳影响果园内农药投放量的实证

　　　　　结果 ···················· 155

　第五节　绿色防控技术采纳的外部性分析 ···················· 163

　第六节　本章小结 ···················· 166

第八章　研究结论与对策建议 ···················· 167

　第一节　结论与总结 ···················· 168

　第二节　建议与启示 ···················· 170

　第三节　存在不足与未来展望 ···················· 174

参考文献 ···················· 176

第一章　导　论

第一节　研究背景与研究意义

一、研究背景

化学农药在我国农业生产中扮演着不可或缺的角色，有效地减少了病虫害问题带来的巨大损失（熊文晖等，2021），然而，化学农药的使用是一把双刃剑，随着农民对化学农药日渐依赖、过度施药等不合理用药现象普遍发生，成本浪费、食品安全以及环境污染等诸多问题也随之而来。据《第二次全国污染源普查公报》显示，农业源化学需氧量、氮和磷排放量在全国总量中的占比依次是49.8%、46.5%和67.2%。农业面源污染行为中，以化肥、农药的大量使用为主，不管是从化肥、农药总用量还是单位耕地用量来看，我国都排在全球首位。权威数据表明，全国农用化肥折纯施用量为5191万吨（2021年），农药用量高达139万吨（2019年），这两项数据折算到单位耕地，均超过全球平均水平，存在用量大、有效利用率低的问题。这一问题得不到解决，不仅会导致生产成本的提高、农产品价格难以大幅提升，也会对环境造成日益严重的破坏，使生态和资源约束不断趋紧。

对此，国家高度重视"加快农业投入品减量增效技术推广应用""推进农业绿色发展"①。《到 2020 年化肥使用量零增长行动方案》等一系列文件被颁布，农业化学投入品减量增效是政策推行的核心。2020 年 3 月，国家发展改革委连同其他部门推出了《关于加快建立绿色生产和消费法规政策体系的意见》（以下简称《意见》），指导各机关部门促进农业朝着绿色化方向前行：为实现绿色生态这一目标，积极摸索新的农业绿色发展体制机制，建立农业绿色发展支撑体系，比如技术、标准、产业、经营等方面的体系，不断优化政策环境，为农业绿色化创造更好的条件。《意见》明确提出，实施化学农药减量替代计划，建立生物防治替代化学防治政策机制，支持研发、推广农作物病虫害绿色防控技术产品。

绿色防控技术（Green Control Techniques，GCT）是绿色、有效、因地制宜的多项病虫害防治技术的合集，其突出特征是知识密集、资源节约与环境友好。与以往化学农药防治模式的不同在于，绿色防控模式很好地践行了"预防为主、综合防治"的理念，将生物型、物理型措施应用到病虫害防治中去，贯彻了科学预防和控制的思想，在一定程度上替代了化学农药，降低了其用量（喻永红等，2012；赵连阁等，2012；储成兵，2015）。以往田间的试验表明：应用绿色防控技术，能够显著地减轻病虫害，提高农业生产的产量以及农民收入水平，减轻农民对化学农药的依赖，在经济和环境效益之间实现良好的平衡（管荣，2009）。为使绿色防控技术能够在更大范围内广泛应用，中央以及地方政府采取了一系列的科普和推广行动，但基层农户群体中绿色防控技术的采纳状况仍不容乐观，推广和普及面临着诸多困难。"绿色生产技术推广与农户技术采纳之间如何更好地连接"是实现农业绿色生产必须解决的问题，农户绿色防控技术的采纳行为及其效应研究是很有必要的。

二、研究意义

要实现农业的现代化、可持续发展，关键在于保障农产品安全以及减轻甚至是消除农业面源污染，这是关系民生的大事。理论研究和实践表

---

① 摘自《中共中央 国务院关于做好 2023 年全面推进乡村振兴重点工作的意见》。

明，要彻底解决"三农"问题，实现乡村振兴战略的总目标，实现农业绿色发展是必经之路。在我国，农户是最重要的农业生产者，其在生产过程中采用的方式方法关系着农业的转型，在农业供给侧结构性改革中扮演着重要角色。所以，从农村的现状出发，怎样才能提升农民的收入水平，怎样推动农业朝着绿色方向前行、维护农产品安全、推动农业和生态的协调发展，这些问题深深地困扰着相关政府部门以及学者们。鉴于此，本书以我国水果种类中种植面积、年产量和市场份额皆名列前茅的苹果为例进行研究，基于微观调研数据和已有文献资料，梳理绿色防控技术的发展历程，以山东省为例分析环渤海湾苹果优势产区内农户绿色防控技术采纳的主要特征，研判绿色防控技术的采纳是否能够实现农户的增收增效，并进一步挖掘推动农户采纳绿色防控技术的动力和阻碍农户应用此类技术的相关因素，最终探究绿色防控技术采纳的环境效应，以期提供切实有效的研究结论和政策建议。因此，本研究具有重要的理论和实际意义。

本研究从农户视角出发，重点研究苹果种植户绿色防控技术采纳的决策机理及其效应机制。一方面，从理论研究层面丰富现有的研究成果，构建更加完善的理论分析框架；另一方面，基于实地调研，从实证分析层面掌握农户采纳绿色防控技术的行为动因及其产生效应的路径机制。在研判绿色防控技术是否具有增收、增效效应的基础上，厘清绿色防控技术采纳的推动和制约因素，为推动绿色防控技术的服务、监管和制度设计等找到发展方向，以期为实现苹果种植户绿色生产提供政策建议。

（一）理论意义

本研究对苹果种植户绿色防控技术采纳的影响因素及其效应展开系统性分析，是对相关研究的丰富与拓展。第一，已有文献大多聚焦于大田作物或绿色防控技术的影响因素及其效应，而大田作物与经济作物的绿色防控技术扩散和推广具有显著差异，识别经济作物的绿色防控技术采纳影响因素及其效应对深入推进以绿色防控技术为代表的知识密集型绿色生产技术具有示范意义；第二，基于农户行为理论、农业分工的有限性理论、委托代理理论、规模经营理论和技术扩散理论等，构建苹果种植户绿色防控技术采纳影响因素及其效应研究的理论分析框架，为调整优化绿色防控技术推广策略、重新审视苹果绿色防控技术对农业生产和农户收入的影响提供理论支撑。

（二）现实意义

绿色防控技术推广是关乎食品安全、生态安全和国计民生的重要议题，本研究对相关政策的制定与落实具有重要参考价值。第一，近年来，随着国家对农业绿色生产重视程度不断提升，绿色防控技术也得到快速传播和推广，但是其应用情况依旧不容乐观。在非农就业虹吸农村优质人口、农村劳动力老龄化严重等现实情况不断凸显的背景下，探讨绿色防控技术采纳的影响因素及其效应对深入推进绿色防控技术推广与应用具有重要意义；第二，考虑到资源环境约束与日益严峻的生态环境问题，在系统性分析绿色防控技术采纳影响因素的基础上，探究绿色防控技术采纳的环境效应，厘清绿色防控技术采纳对农药减量增效和农药施用行为的影响，可以为我国农业绿色发展的相关政策落实提供参考依据；第三，考虑到市场经济改革的不断深入与土地政策环境的不断优化，在系统性分析苹果种植户绿色防控技术采纳影响因素及其环境效应的基础上，进一步分析绿色防控技术采纳的经济效应，评估绿色防控技术采纳对农户技术效率和农户家庭收入的影响，对于实现农业现代化和提升农户家庭绩效具有现实指导意义。

第二节　文献回顾及评述

绿色防控技术是能够在有效防治病虫害的同时降低对环境危害的技术（Timprasert et al.，2014；耿宇宁等，2017），它主要强调的是预防，将生态调控、生物以及物理防治等方法和措施引入农业生产领域中，这在一定程度上取代化学农药，促进了农业生产经济以及环境效益的双重提升（喻永红等，2009；赵连阁，2012；储成兵，2015b；Kabiret al.，2015）。绿色防控技术是农户优化病虫害防治手段的重要途径，这一行为决策是诸多影响因素共同作用的结果，也会对农户的生产经营行为、资源配置情况和家庭收入水平产生多种影响。绿色防控技术是绿色生产技术当中的重要代表，其他绿色生产技术的相关文献对本研究具有重要的借鉴意义，本研究将以绿色防控技术为主，以其他绿色生产技术为辅进行文献回顾和评述。

现有相关研究可划分为三大类：第一类重点研究了农户采纳不同新农业生产技术的行为和效果，这一类文献主要研究了农户采纳新技术行为的影响因素和采纳效果；第二类重点研究了绿色防控技术采纳决策的影响因素，这一类文献主要研究了影响农户采纳行为决策的机理与机制，通过研究个体和家庭的特征以及外部特征对绿色防控技术采纳的作用机制，厘清农户应用此类技术的原因和动力，为绿色防控技术在更大范围内的普及奠定基础；第三类主要评估了农户采纳绿色防控技术的经济效应及效应产生的路径，较少关注到其环境效应，仅有的绿色防控技术环境效应研究的深度和广度皆与现有经济效应研究存在巨大差距。技术采纳效应研究的核心目标是探究绿色防控技术采纳对农户生产经营方式、生产效率和家庭收入的影响，明确绿色防控技术采纳是否能够实现农户不同维度的期望目标。结合本研究的研究主题需要，本部分从绿色防控技术影响因素研究和绿色防控技术采纳效应研究两大方面对已有文献进行梳理总结，并在此基础上，展开文献述评，总结研究现状以及可能存在的不足之处。

一、农户采纳农业生产新技术的相关研究

许多学者对农户采纳不同农业生产新技术的行为进行了研究，技术种类包含有机肥替代化肥技术、保护性耕作技术、秸秆还田技术、节水灌溉技术、测土配方技术等。主要研究包括以下内容。

冯茂岚等（2023）基于湖北和河南两省 700 户农户的微观调研数据，利用 Ordered Probit 模型分析了耕地质量禀赋与社会分工对农户化肥减量技术采纳行为的影响。研究发现，多渠道提升农户耕地条件，全方位推进农业社会分工，对不同规模农户采取差异化的激励和引导策略，均是推广化肥减量技术的有效途径；张化楠（2023）基于山东省苹果种植户 680 份实

地调研微观数据，运用 Heckman 模型实证分析了内在感知和外部环境对农户绿色施肥技术采纳决策和采纳程度的影响及差异。研究发现，为促进农户绿色施肥技术采纳行为的积极性和主动性，应加大绿色施肥技术的宣传推广，积极培育新型农业经营主体，提高农户采纳绿色施肥技术的内在动力；郭芬等（2022）研究农户保护性耕作采纳行为及其影响因素。研究发现，技术推广要考虑农户群体内的异质性，应注重各种研究理论间的融合，未来可进一步加强多学科交叉的系统研究；龚大鑫等（2016）对河西绿洲灌区农户节水行为进行了研究，结果表明，农户的受教育程度、耕地面积、种植业收入占家庭总收入比重、水费占种植业支出比重、农户对新技术的态度对农户采纳节水行为主动性程度有显著正向影响，务工收入占家庭总收入比重对农户采纳节水行为主动性程度有显著负向影响；佟大建等（2018）、谭永风等（2021）、陈宏伟等（2022）、徐依婷等（2022）学者从不同的角度研究了农户采纳节水灌溉技术的行为以及采纳技术的效应，并提出了相应的政策建议；褚彩虹等（2012）、罗小娟等（2013）、张复宏等（2017）、罗小娟等（2013）学者从不同的角度研究了农户采纳测土配方施肥技术的行为以及采纳技术的效应，并提出相应的政策建议。

二、绿色防控技术采纳行为的研究

农户是否会采纳绿色防控技术，这是一系列因素共同作用的结果，各个因素的作用程度和作用方式互有差异（高昕，2019；刘可等，2019）。梳理现有的文献资料可知，大部分学者在进行这方面的研究时，都将主要的关注点放在以下几个方面：第一，风险态度和信息获取对农户绿色防控技术采纳行为的影响；第二，技术认知和环保态度对农户绿色防控技术采纳行为的影响；第三，经济激励与非正式制度对农户绿色防控技术采纳行为的影响；第四，资本禀赋异质性对农户绿色防控技术采纳行为的影响；第五，社会网络对农户绿色防控技术采纳行为的影响。

（一）风险态度和信息获取对农户绿色防控技术采纳行为的影响

梳理现有的文献资料能够看出，学界内在风险规避、信息获取和绿色防控技术关系上的观点比较一致，即风险规避和信息获取对农户绿色防控技术产生重要影响。持有这一观点的学者普遍认为，农户在信息闭塞的情况下，为了降低风险，有可能会采取过量施用化肥、农药的行为。不同学者从不同视角进行了分析，具体来看主要包括以下两个方面。

第一，风险态度方面。风险态度是农户在农业生产过程中面对不确定事件的主观态度，反映了农户对待技术风险的一致的、相对持久的倾向（Tversky et al.，1979）。不同风险态度的农户面对同样的绿色防控技术，也会表现出差异化的行为选择。就风险规避农户而言，一方面，风险规避会导致农户对此类技术的信任度降低。基于前景理论，农户的风险规避程度较高时，其对绿色防控技术中操作程序烦琐和收益不确定等潜在风险会更加敏感（吕杰等，2021）。同时，虽然获取了正面的绿色防控技术的成本收益知识，但是风险规避者倾向于认为自身获取的信息不够真实，进而对正面信息表现出较低程度的信任（李建标等，2015；熊航等，2021）。另一方面，风险规避会导致农户难以持续地获取技术方面的信息。虽然信息网络是农户认识绿色防控技术的开端，但绿色防控技术的持续获取和后续处理才是技术创新的主要动力。持续获取技术信息所需的时间成本和经济成本会使得风险规避者主动放弃超过自身能力的信息渠道（王杰等，2022）。概括而言，风险规避者可能会因为较低的信任水平和有限的持续信息获取能力而"低估"正面信息和"高估"负面信息，进而影响其绿色防控技术采纳决策。就风险偏好型农户而言，其本身就具有技术创新的动力且更愿意信任他人的正面评价（李建标等，2015），此时正面信息会如"催化剂"一般促使其采纳绿色防控技术。负面信息虽然在一定程度上会降低农户的技术采纳积极性，但风险偏好型农户对收益预期的不确定和他人的负面信息往往表现出较为积极的态度（高延雷等，2021），且对技术采纳收益预期的重视度要高于对他人负面信息的重视度（吕杰等，2021），进而表现为不信任他人负面信息或借助其他信息获取渠道来实现技术创新。即负面信息对农户绿色防控技术采纳行为的负向影响可能在风险偏好情景下被削弱，但农户最终是否采纳绿色防控技术取决于风险偏好能否发挥更大的边际效用（章德宾等，2019）。

现有研究一般认为，发展中国家的农户大多是风险规避者（Tversky et al.，1979），其在农业生产的要素投入上往往具有风险规避偏向（吕杰等，2021），追求风险最小化的小农特质使得农户往往会"低估"正面信息和"高估"负面信息，从而表现出差异化的绿色防控技术采纳决策。较高风险规避程度的农户表现出更强的农药依赖性，甚至是在生产的过程中会使用具有同样效果的不同农药（王常伟等，2013）。仇焕广等（2020）的研究结论也证实了这一点。从技术层面分析，农户为了提升效益、降低风险，往往更有可能利用成本低、收益高、经营风险小、有助于节省各项要素的生产技术（董君，2012；谈存峰等，2017）。显然，应用绿色防控技术对生产者来说需要投入更高的成本，至少在短期内是这样（赵连阁等，2013），比如生产者需要投入大量的时间不断地学习，尤其是文化水平比较低的农户学习和操作起来更为困难（周建华等，2012），技术实践风险更高（蔡书凯，2013），所以生产规模比较小的农户，往往都对绿色防控技术持谨慎态度。Gao et al.（2019）认为农户风险厌恶是致使绿色防控技术难以顺利推广的重要因素。有研究指出，鼓励农户购买农业保险（Brick et al.，2015）、积累社会资本（Wossen et al.，2015）和参与契约农业（毛慧等，2018）等有助于减少风险对技术采纳行为的阻碍，使更多的农户能够接受并应用绿色防控技术。

第二，信息获取方面。首先，很多学者探究了信息素养如何影响农户绿色防控技术采纳。信息素养包括对信息的意识、获取以及应用信息的能力等（成华威等，2015）。其中，信息意识是基础之所在，它所反映的是个体在信息活动中的主动性和能动性（杨梦晴等，2016）。信息能力反映的是个体获取、理解以及利用信息的水平（姜健等，2016），有助于增强农户环境风险感知能力，促使其做出亲环境行为（刘铮等，2018），提高科学用药水平（姜健等，2016；王绪龙等，2016）。从理论层面来看，信息素养会通过两种机制增强农户对新技术的使用倾向：一是，信息素养越高，农户掌握的新技术相关知识越多，越能够明确新技术能够带来可观的经济、社会以及生态效益，因此使用新技术的倾向越明显（杨福霞等，2021）；二是，信息素养的本质是一种人力资本，它能够降低农户应用新技术的门槛，进而增强其应用新技术的倾向。如果农户能够通过不同的渠道获取更加丰富的信息，农业生产经营信息不对称性得到缓解，拥有更多知识和经验的农户，技术采纳的不确定性更低，有助于减轻风险厌恶对采纳行为的抑制作用（Abadi Ghadim et al.，2005）。然而，相关实证研究却较为鲜见。杨普云等（2007）指出缺乏对正确施肥施药行为与技术的认知是化肥农药过量施用的主要原因，纪月清等（2016）利用全国农村固定观察点数据进行分析，也得出相似的结论，他们认为农资市场不健全是农户掌握农资信息过少的重要原因，也是农户依赖于化肥农药的根源之一。其次，在农户信息获取能力测度方面，大部分学者都采用"信息获取渠道数目"（Esselaar et al.，2007）或是针对各种信息获取渠道对彼此的影响赋权加总的综合指数（杨柠泽等，2018），从而实现农户信息获取能力的量化评估。高杨等（2019）通过实验经济学方法量化菜农的风险厌恶程度，同时利用项目反应理论模型量化菜农的信息获取能力，最后利用 Logit 模型进行研究，反映出上述两者是如何作用于菜农绿色防控技术采纳行为的。

（二）技术认知和环保态度对农户绿色防控技术采纳行为的影响

关于技术认知和环保态度对农户绿色防控技术采纳行为的影响研究方面的观点比较一致，即技术认知和环保态度对农户绿色防控技术采纳产生重要影响。持有这一观点的学者们普遍认为，农户越是了解绿色防控技术、越是重视生态环境和农产品质量问题，越能够科学地用药，使用绿色防控技术的倾向越明显。不同学者从不同视角对此进行了深入的分析。

从新技术采纳的角度来看，农户存在这方面的需求，并且是技术的操作者，其接触技术到最终的应用，整个过程包括了五个环节，依次是认知、说服、决策、实施以及实施后的反思。在第一个环节认知中，农户利用不同的渠道获取技术信息，对其优势、缺陷、特点、要求等产生了一定的认知（Greiner et al.，2011）。这一环节的认知结果，在很大程度上决定了农户最终是否会采纳新技术，是农户技术采纳行为的中介变量（何悦等，2020；于艳丽等，2020）。杨兴杰等（2021）指出，技术认知在政府培训和农户应用新技术关系中发挥了重要的作用，通过培训增强农户对新技术的认知，强化其应用新技术的倾向。桑贤策（2021）指出，生态认知在政策和农户选择有机肥的关系中发挥了一定的作用，在有利政策的激励下，农户的生态认知得到增强，因此在生产中更加倾向于使用有机肥料。这充分证明，政府激励对农户技术采纳的间接影响，是基于农户认知这一中介变量实现的。Sunding et al.（2001）指出，农户认知和其技术采纳行为存在紧密的关联；李世杰等（2013）、Sharifzadeh et al.（2017）、Jelena et al.（2019）、李福夺等（2020）、张永强等（2020）认为，农户认知在很大程度上决定了农业技术采纳意愿与行为。

但是，对于农户认知分类体系这一点，学界存在广泛的分析。为了揭示出农户认知对技术采纳的作用途径，很多学者在研究的过程中，通过科学的指标对农户认知予以量化评估。现有的评估指标大多选自三个维度，即技术认知、感知有用性以及感知易用性（Rezvanfar，2009；Kabunga et al.，2013；朱月季等，2015；刘铮等，2019；童锐等，2020）；还有学者结合实际情况，从不同方面探究了农户认知是如何作用于其生产决策行为的。尚光引（2021）从农户政策了解程度、政策参与程度、政策满意程度三个维度出发，构建了基于全过程视角的农户低碳政策认知变量，探究了农户全过程政策认知和其低碳农业技术采纳行为之间的关系；程鹏飞等（2020）从不同的角度对农户绿色生产行为的内在感知进行量化，并分析了其和绿色生产决策之间的关系。吴雪莲（2016）以计划行为理论为指导进行研究，结果表明如果农户认为高效农药喷雾技术能够创造可观的效益，那么其对技术的采纳意愿越强。郭利京（2017）采集了江苏省639户水稻种植户的相关数据，在认知冲突理论指导下，探究农户选择生物农药的意愿。其研究结果表明，如果农户了解生物农药该如何应用，并且重视其对改善环境的作用，那么选择生物农药的意愿就越强，且农户对社会规范的接受程度也会对后者造成一定的影响，而认知冲突起着中介变量的作用。童洪志等（2017）、Teshome et al.（2016）的研究也得到相似的结论。因此，龚继红等（2019）指出可以通过促进农户绿色生产意识向采纳绿色防控技术行为的转化来改善农户化肥农药的过量施用问题，带动规模户减少施用化肥、农药。田云等（2015）、蔡荣等（2019）的研究也得到相似的结论。

（三）经济激励与非正式制度对农户绿色防控技术采纳行为的影响

根据现有研究成果可知，经济激励对农业技术推广具有显著的促进作用，它包括市场激励和政府激励（耿宇宁等，2017；路明等，2019）。Griliches（1957）认为，如果杂交玉米技术能够带来更加可观的经济效益，那么农户采纳此项技术的意愿就会比较强；王常伟（2013）指出，市场激励可促进农产品价格的攀升，这对提高农户收入水平是很有帮助的，还会进而增强农户应用新技术的动机。在政府激励方面，Youssef（2010）认为，政府给予的税收优惠和财政补贴，能够促进环保型农业技术在更大范围内的普及；李守伟（2019）指出，政府补贴能够显著增强农户应用新技术的意愿；桑贤策（2021）认为，政府宣传、技术培训和政府补贴都能够促进更多的农户在生产过程中应用对环境影响更小的有机肥。除此之外，耿宇宁等（2017b）、路明等（2019）和张慧仪（2020）等学者指出，不管是市场激励还是政府激励都会对农户绿色防控技术采纳行为施加一定的作用。根据经济学外部性理论可知，应用绿色防控技术可以产生正向溢出效应。因此，要使绿色防控技术能够在大范围内推广，需要多个部门的参与和支持（黄晓慧等，2019）。很多学者在研究中指出，政府补贴、技术培训等都能够增强用户使用新技术的意愿（王格玲等，2015；邬兰娅等，2017；桑贤策等，2021）。具体而言，政府补贴有助于降低新技术应用的成本，增强其应用新技术的意愿；技术培训能够让农户掌握更多病虫害和新技术方面的知识，同时培训也为农户、专家、政府之间的交流创造了良好的平台，使农户了解如何应用新技术，且在实践的过程中也能够得到支持（杨兴杰等，2021）。

非正式制度方面。非正式制度和农户绿色防控技术采纳行为之间的关系早已受到学界的广泛关注，这方面的研究成果较为丰富。学者们普遍认为，非正式制度对农户绿色防控技术采纳行为也具有促进作用，持有这一观点的原因是非正式制度中的价值导向、惩戒监督和传递内化可促进农户的绿色防控技术采纳行为。根据该观点，不同学者从不同视角进行分析。

郭清卉等（2019）在系统梳理非正式制度与绿色防控技术行为关系的基础上，指出非正式制度是决定农户选择有机肥的重要因素，且各种非正式制度与绿色防控技术采纳行为之间存在多样化的关系，并非逐步递进地作用于绿色防控技术采纳行为。郭利京等（2014）、李学荣等（2019）在其研究中都证实了这一点。李芬妮等（2019）针对少耕免耕、有机肥等进行研究，以揭示出非正式制度、环境规制和绿色防控技术采纳行为之间的关系，结果表明前者对后者具有促进作用。展进涛等（2020）研究发现政府施药监管对于抑制纯化学农药防治下的过量投入影响显著，过量施药概率下降14.26%；成为合作社等组织的成员有助于增强农户采纳病虫害绿色防控防治模式的意愿，过量施药行为减少了10.42%。罗岚等（2021）探讨了非正式制度与正式制度影响农户绿色防控技术采纳程度的多重并发因素和作用机制，得出了要摒弃非此即彼的简单线性思维、重视正式制度和非正式制度的双重力量的结论，认为应从组态视角识别出促进或抑制绿色生产的多重路径。

（四）资本禀赋异质性对农户绿色防控技术采纳行为的影响

关于资本禀赋异质性对农户绿色防控技术采纳行为的影响，研究成果较为丰富，而且学者们的观点比较一致，即农户的资本禀赋异质性对农户绿色防控技术采纳行为产生重要影响。持这种观点的主要原因是农户资本禀赋水平结构配置在很大程度上决定了其生产行为和决策，这意味着农户或许因为资本禀赋达不到技术的要求而不予采纳。现有文献从不同视角进行分析，主要研究包括以下内容。

刘可等（2019）基于长江中游四省水稻种植户的实地调研数据，定义农户生态生产行为综合值，通过熵值法求取农户资本禀赋总量与分布水平并划分农户资本禀赋结构，分析农户资本禀赋结构和绿色防控技术采纳行为之间的关系，发现农户资本禀赋结构差异导致综合资本禀赋效应存在差异，建议要多维度提高农户的资本禀赋水平和优化农户资本禀赋结构配置来改善和提高农户生态生产行为的采用，推动农业供给侧结构性改革。储成兵等（2013）以使用环保农药为例，运用 Heckman 选择模型对农户关于农业生态环境退化的认知及采纳环境友好型生产行为进行实证分析，指出资本禀赋异质性对绿色防控技术采纳行为产生重要影响。邝佛缘等（2017）的研究得出相似结论。毛欢等（2021）认为不同资本禀赋的农户对采纳属性各异的绿色防控技术有一定的选择偏向，但又不必然采纳对应属性的技术。

（五）社会网络对农户绿色防控技术采纳行为的影响

社会网络和农户绿色防控技术采纳行为之间关系的研究成果较为丰富，而且学者们的观点比较一致，即社会网络是其采纳行为的促进性因素。具体的作用机制是：社会网络使农户能够更加方便地获取新技术相关知识，掌握新技术的操作要领，能有效降低绿色防控技术采纳的成本。

新古典经济理论假设农户能够掌握所有的相关信息，社会网络理论却指出，农户的信息获取渠道是非常狭窄的，因此其掌握的信息也非常有限（Foster et al.，1995）。尤其是农业技术最初实践应用时，因农户不了解新技术及其成本收益，因此难以根据成本收益分析作出理性的决策，应用新技术的意愿并不强（Genius et al.，2014）。Genius et al（2014）、王格玲等（2015）、胡海华（2016）等学者认为，社会网络能够在一定程度上帮助农户摆脱信息困境，使其能够获取更多的信息，更加方便地学习新技术，减少新技术应用过程中的阻碍。

从性质的角度来看，社会网络包括了同质性社会网络与异质性社会网络。前者指的是农户和家人、亲友、邻里等形成的关系网络，以血缘、亲缘、地缘为纽带；异质性社会网络则是农户和农技站工作人员、合作社、企业等主体之间的关系网络，以业缘关系为纽带。梳理现有的研究成果可知，大部分学者认为同质性社会网络能够增强农户对新技术的采纳，而异质性社会网络和农户之间的关联并不紧密。比如，Ramirez（2016）探究社会网络和农户灌溉技术使用意愿之间的关系，结果表明大部分农户都是从亲朋好友那里学习新技术的知识和应用的；张雷（2009）认为，农户所掌握的技术信息，大部分都来源于个人和亲朋好友的经验，农技站工作人员并非主要的信息渠道。

在大范围地普及绿色防控技术时，要充分发挥出同质性以及异质性社会网络的作用，使农户能够更加全面地掌握技术信息。Ng et al.（2011）和 Genius et al.（2014）认为，人类有着漫长的农业生产历史，一代又一代的农户都是通过口口相传的方式将生产经验、技术信息延续下来的，时至今日，农户之间的经验和信息共享，都是最重要的信息来源。杨志海等（2018）采用实证研究方法，揭示出老龄化、社会网络和农户绿色防控技术采纳行为之间的关系，他们认为要增强农户应用此项技术的意愿，关键在于进一步延伸其社会网络。程琳琳（2019）在社会嵌入理论的指导下，探究网络嵌入与风险感知对农户绿色防控技术采纳行为的作用机制，取得了同样的结论。耿宇宁等（2017）认为农户绿色防控技术采纳行为的科学性、系统性和复杂性使得异质性社会网络和这种行为之间的关联程度强于同质性社会网络。

三、绿色防控技术采纳效应的研究

绿色防控技术并不是单指特定的技术，它是强调因地制宜的病虫害整体防治理念的体现，所以各种作物实施差异性的技术导致的经济以及环境效应也是存在差异的。梳理现有的研究成果可知，涉及绿色防控技术采纳效应方面的文献是比较多的，不过现有的文献，大部分都是针对粮食、蔬菜等进行的研究，很少有学者以水果为研究对象，关于绿色防控技术的生态环境效应的研究也比较稀少。

（一）绿色防控技术对农户施药行为影响的研究

不同地区的学者研究了绿色防控技术对经营不同农作物的农户施药行为的影响，其中大部分学者使用农药投入、农药折纯量、施药频次中的部分指标作为核心解释变量，认为绿色防控技术能够降低农户的施药量、施药投入和施药频次。例如，Muriithi 等（2016）、管荣（2009）指出，每种农作物采用的绿色防控技术是不同的，即如果对不同作物实施同一种技术，最终的效果是完全不同的；Fernandez Cornejo（1998）对美国番茄作物进行了研究，结果表明绿色防控技术并非作物产量的促进性因素，但有助于将农药费用控制在更低范围内；Cuyno et al.（2001）对菲律宾洋葱作物进行研究，结果表明绿色防控技术能够促进洋葱产量的大幅增长，将农药用量降低 25%~65%，有效地节省了这方面的成本；刘道贵（2005）针对安徽省贵池棉区棉花农户进行实证研究，结果表明应用绿色防控技术后，在整个棉花的生命周期中，农药施用次数降低了 72.7%，而且作物的产量也提高了 10.7%；赵连阁（2013）就安徽晚稻作物进行分析，结果表明相比于化学农药防控技术，物理防治型绿色防控技术在节省农药施用成本方面有着更佳的表现。

（二）绿色防控技术对农户经济效应影响的研究

绿色防控技术对农户经济效应影响的研究比较丰富，但学者对绿色防控技术是否能带来经济效益尚未达成共识，针对不同品种、不同地区的绿色防控技术采纳经济效应研究仍在不断推进。

大部分学者认为绿色防控技术能够有效增加农户收入，具有经济效应。举例来说，赵连阁（2013）就安徽晚稻作物进行分析，结果表明相比于化学型 IPM 技术，物理防治型 IPM 技术在节省农药施用成本方面有着更佳的表现；李丹等（2012）对贵州省水稻绿色防控技术的应用效果进行评估，以非防控区和采用普通防控技术的水稻为标准进行对比，应用绿色防控技术的水稻产量提升了 76.07% 和 36.06%；杨程方等（2020）探究了信息素养、绿色防控技术采用行为和农户收入之间的关系并揭示出具体的作用机制，结果表明信息素养是农户收入的重要相关因素，同时还以绿色防控技术为中介变量，对农户收入施加间接影响；Kouser（2011）认为转基因抗虫棉是农户毛收入的促进性因素；Isoto（2014）采集乌干达咖啡作物的相关数据并进行研究，结果表明绿色防控技术让种植户的收入提高了 118%，由此粗略地计算出此项技术的农村收入乘数为 1.27；Rakshit（1970）以甜瓜作物为例进行研究和分析，以揭示出信息素经济效益的高低，其研究结果表明信息素的投资回报率不超过 140%~165% 这一范围；Pretty（2015）对来自亚、非洲的 85 个绿色防控项目实施全面的评估，结果表明绿色防控技术有助于降低农药的用量和成本，提升作物产量；

Rahman（2018）对常用的嫁接、堆肥、信息素等多种绿色防控技术的经济效益进行评估和分析，发现它们的共同点是能够节省生产成本，从而提升种植户的经济收入。但也有研究表明，绿色防控技术对经济收益的促进作用并不明显，甚至会产生一定的抑制性作用，如熊鹰（2019）等对四川省水稻作物实施量化分析，探究了绿色防控技术的相关因素及其绩效，结果表明，不管是否采用绿色防控技术，生产绩效并未发生明显的变化，而且绿色防控技术并非水稻生产绩效的促进性因素；Malacrino（2020）以柬埔寨豇豆作物为对象，分析绿色防控技术的经济效应，结果表明由于绿色防控需要投入较高的费用，豇豆经济收益出现降低的现象，在生物防治产品并未形成规模的地区，这种现象更加普遍和严重；Cornejo（1996）的研究表明，绿色防控技术未能促进番茄产量和利润的大幅增长。

（三）绿色防控技术对农户环境效应影响的研究

较少研究在探究农户采纳绿色防控技术是否具有经济效应时，还兼顾探讨绿色防控技术采纳的环境效应，探究绿色防控技术环境效应的文献还有待补充和丰富。现有的绿色防控技术环境效应研究成果包括：秦乐诗等（2020）认为农户采纳绿色防控技术具有显著的经济与环境效应，但现阶段化学农药仍是促进水稻产量增长的重要因素；Kouser（2013）的研究表明，转基因抗虫棉不但提升了农民的收入水平，而且能够降低农业生产对生态环境以及生产者健康的不利影响；Pretty（2015）采集亚、非洲85个绿色防控项目的相关数据并进行分析，结果表明绿色防控技术有助于降低农药用量，提升作物产量，减轻农药对土壤质量的影响，营造更加安全的农场环境；需要指出的是，绿色防控技术在经济和环境方面产生的效应会因技术应用程度和时间（Kibira M et al.，2015）、采纳技术（耿宇宁等，2018）、采纳季节（Ahuja D B et al.，2009）、作物品种（Githiomi C et al.，2019；Gautam S et al.，2017）的不同而表现出明显的异质性。

四、文献评述

在国内农业生产方式加速迈向现代化的过程中，农业研究的重点也发生了变化，学者们对产量和效益的关注日益减少，反而对生产行为给予了更多的重视，各种现代化生产技术方面的研究成果不断增多。大部分学者在进行这方面的研究时，都是以利润最大化、农户行为、技术扩散等理论为指导，采用生产函数以及各式各样的模型，从宏观和微观角度着手，探究农药使用效率、绿色技术应用背后的逻辑和机制，为绿色技术在更大范围内的普及提供理论上的指导。同时，笔者也从现有研究中获取了启示和参考。不过，已有研究还有一些不完善的地方。

（一）关于绿色防控技术采纳对农户家庭收入的影响

从关注焦点看，缺乏绿色防控技术增收效应的针对性、深入性研究。已有部分文献研究了绿色生产技术的增收效应，但该增收效应是否普遍存在，学术界中仍有不同的声音，需要不断深入研究以验证绿色防控技术的增收效应在不同研究区域、不同经营品种中是否显著存在；从研究方法看，已有文献大多忽视了回归过程可能存在的内生性问题，部分研究虽然考虑了内生性问题，但是仅考虑了由可观测因素造成的选择性偏误问题，抑或仅通过估计 ATT 来进行效应评估，而非直接估计绿色防控技术采纳的增收效应；在具体研究思路上，农户自身收入水平和绿色防控技术采纳增收效应之间的关系并未得到正视。绿色防控技术的增收效应具有异质性，基于现实紧迫性，更需要明确的问题是绿色防控技术采纳对哪种类型农户的增收效应更强。综上可知，农户绿色防控技术采纳的增收效应及其异质性仍值得进一步深入探讨。

（二）关于绿色防控技术采纳和农户技术效率之间的关系

梳理现有的研究成果可知，以绿色防控技术采纳和农户技术效率关系为主题的研究相对较少。绿色防控技术采纳影响因素分析的研究较多，但只有很少一部分涉及绿色防控技术采纳和农户技术效率之间的关系，抑或笼统地将病虫害防治环节划分到技术密集型环节进行分析，缺乏深入分析；从研究结论看，已有绿色防控技术采纳影响农户技术效率的研究尚未形成统一定论，仍然存在不同的声音，表明绿色防控技术采纳的"增效"研究仍存在讨论和研究的必要；可见，继续深入绿色防控技术采纳对农户技术效率的研究，可以为解释当前研究的结论差异提供一种新思路。

（三）关于绿色防控技术采纳行为的决策机制研究

对文献的研究侧重点进行分析可知，绿色防控技术采纳的核心解释变量种类较多，类似的文章也比较丰富，但是多数文章只抓住了一个或两个核心解释变量进行研究，且对核心解释变量的挖掘深度不足，鲜有文献对多个核心解释变量深入挖掘并进行系统性分析；从研究方法看，较少文献深入探讨不同核心解释变量与绿色防控技术采纳种类数量之间的层级关系，现有文献仅用 Logit/Probit 模型研究绿色防控技术是否采纳或采纳数量，无法识别不同影响因素之间的层次结构和关联关系，绿色防控技术采纳行为的影响因素及影响因素对采纳强度的作用仍待进一步探讨。

（四）关于绿色防控技术采纳的环境效应研究

已有文献仍缺乏对绿色防控技术环境效应的针对性、深入性研究：从研究对象看，少数文献研究了绿色防控技术影响农户施药量和施药频次，忽视了对化学农药与非化学农药的划分和区别，低估了绿色防控技术对农户施药行为的影响强度；从衡量指标看，现有文献多选取了农药施用量、投入费用、施药频次等的一个或多个指标进行研究，衡量指标的选择标准仍未达成共识，此外，农户很难理解农药折纯量，苹果种植生产过程中农户的施药频次大致相同，却对投入成本和投入劳动的过程印象深刻，如何选择衡量指标、获得真实准确的数据有待讨论；从研究视角看，现有文献仅仅从经济角度评估了绿色防控技术采纳对农户农药施用量和施药频次的作用，忽视了绿色防控技术通过生物农药、科学用药、物理防治等途径替代化学农药从而降低农户化学农药施用量和施放浓度所带来的环境效应；从研究方法看，已有文献大多忽略了回归过程中可能存在的内生性问题，部分文献虽然考虑了内生性问题，但是仅处理了由可观测因素造成的选择性偏误问题。综上可知，绿色防控技术采纳对环境影响的研究对象、研究视角、衡量指标仍然有待于进一步讨论，研究方法的选择也有待于进一步检验。

总体来说，关于苹果种植户绿色防控技术采纳行为影响因素及其效应的研究仍然存在值得完善的空间。根据苹果种植户精细耕种特点突出、经营规模固定、农机应用困难、社会化服务较少、不同绿色防控技术之间采纳具有关联性等特性，深度挖掘农户采纳知识密集型绿色生产技术的行为逻辑和效应机制，对推广以绿色防控技术为代表的绿色生产技术提供理论依据和政策建议具有必要性和重要性。因此，深入研究农户绿色防控技术采纳的行为影响因素及其经济环境效应很有必要。

第三节　研究目标与研究内容

一、研究目标

本研究的研究目标可以概括为：通过理论和实证分析，构建绿色防控技术采纳理论分析框架；运用具有代表性的苹果种植户调查资料，对农户绿色防控技术采纳相关因素和经济环境效益进行分析，从而厘清推广绿色防控技术的益处以及如何推广绿色防控技术，为促进绿色防控技术的扩散和应用提供理论依据和实践支撑。具体目标包括以下六个方面。

（一）掌握概况

掌握苹果产业概况、病虫害防治发展历史以及农户绿色防控技术的采纳情况。

（二）研究关系

研究苹果种植户绿色防控技术采纳行为和家庭收入之间的关系，明确苹果种植户采纳绿色防控技术是否源于增加收入的驱动力。

（三）探究关系

探究苹果种植户绿色防控技术采纳行为和农户技术效率之间的关系，明确苹果种植户采纳绿色防控技术是否源于节本增效的驱动力。

（四）奠定依据

在确定绿色防控技术是否具有经济效应的基础上，进一步分析苹果种植户绿色防控技术采纳的促进因素和制约因素，挖掘不同因素对绿色防控技术采纳强度的作用差别，为提出促进绿色防控技术推广的政策建议奠定实证依据。

（五）提供实证和理论支撑

研究绿色防控技术采纳的环境效应，明确绿色防控技术是否具有正向的外部性和溢出效益，为政府采取手段推广绿色防控技术提供实证和理论支撑。

（六）提供政策建议

根据前述研究基础进行讨论并得出结论，为促进农户绿色防控技术推广、农业转型生产和绿色发展提供政策建议。

二、研究内容

（一）专家访谈、实地调研并进行描述性分析

梳理苹果产业发展状况和病虫害防控发展历史，为后续研究奠定基础。掌握苹果种植户病虫害防治的现实状况以及绿色防控技术的采纳情况。通过文献积累、专家访谈的方式确定苹果种植过程中绿色防控技术采纳规程；采用"一对一"问卷调查和访谈方式进行分层随机抽样调查，通过实地调研获取苹果种植户的特征信息，以及绿色防控技术采纳情况、农药施药情况、生产投入情况以及家庭收入情况，对调查到的信息进行描述性统计分析。

（二）从农户家庭收入和技术效率的角度评估农户绿色防控技术采纳的经济效应

重点评价苹果种植户绿色防控技术采纳的经济效应，检验农户采纳绿色防控技术是否源于增收增效的内生动力。构建超越对数的生产函数，计算苹果种植户的农户技术效率。通过应用内生转换模型（ESR）和内生处理效应回归模型（ETR），实证分析农户绿色防控技术采纳的增效效应和增收效应，并对增收效应的异质性进行研究。

（三）研究苹果种植户绿色防控技术采纳行为的决策机制

在明确经济效应情况的基础上，重点研究苹果种植户采纳绿色防控技术的决策机制。采用零膨胀泊松回归模型、有序 Probit 模型等实证方法，研究苹果种植户绿色防控技术采纳行为的推动因素和制约因素，以及不同影响因素对绿色防控技术采纳程度的影响效应，并剖析核心要素影响绿色防控技术采纳的路径和机制。

（四）评估苹果种植户绿色防控技术采纳的环境效益

通过对果园生态系统内农药投放量的计量分析，重点评价苹果种植户绿色防控技术采纳的环境效益。构建农药施用行为的理论分析框架，通过应用内生处理效应回归模型（ETR），实证分析农户绿色防控技术采纳的环境效益，衡量指标包括农药施用量、化学农药施用量、化学农药施放浓度等，并进一步分析绿色防控技术采纳的外部性和溢出效应。

（五）总结研究结论，提出政策建议

根据前述研究的成果与结论，为实现农户绿色防控技术推广、农业转型生产和绿色发展提供政策建议，并指出已做研究存在的不足，提出未来研究方向。

第四节　研究方法、技术路线与数据来源

一、研究方法

本部分重点介绍本书第四章至第七章研究过程中应用的计量分析方法，从而探究苹果种植户绿色防控技术采纳的行为及其效应，具体方法包括效应评估方法和其他计量分析方法两类。一是效应评估方法，包含参数效应评估方法和非参数效应评估方法两种。参数效应评估方法包括有序 Probit 模型、内生处理效应回归模型（ETR）和内生转换模型（ESR）等

方法，非参数效应评估方法包括倾向得分匹配方法（PSM）、逆概率加权法（IPW）、回归调整法（RA）和逆概率加权回归调整法（IPWRA）等方法。二是其他计量分析方法，包括 OLS 方法、Probit 模型、随机前沿分析（SFA）方法、中介效应模型和工具变量分位数回归模型（IVQR）等方法。

本研究实证分析章节采用的分析方法，具体来看可总结如下。

第四章中，采用参数效应评估方法中的 ETR 模型，研究绿色防控技术对苹果种植户家庭收入和苹果净收入的影响因素，并通过 IVQR 模型进一步估计绿色防控技术采纳增收效应的异质性，通过替换工具变量的方式进行基准回归和异质性回归的稳健性检验。

第五章中，首先，运用 SFA 方法测算苹果种植户的农户技术效率；其次，运用参数效应评估方法中的 ESR 模型进行回归，综合处理回归过程中的选择性偏误问题，重点分析绿色防控技术采纳对农户技术效率的影响，并运用非参数效应评估方法中的 PSM、IPW、RA 和 IPWRA 等完成稳健性检验。

第六章中，首先，运用零膨胀泊松回归模型和有序 Probit 模型实证检验绿色防控技术采纳的影响因素分析以及边际效应分析；其次，运用条件混合过程估计法（CMP）检验互为因果的内生性问题；最后，通过利用剔除样本的方式进行稳健性检验。

第七章中，选取苹果种植户农药投入总费用、化学农药投入费用和化学农药施放浓度三个变量表示绿色防控技术环境效应，运用参数效应评估方法中的 ETR 模型进行回归，整体考察绿色防控技术采纳影响果园生态系统内农药投放量的处理效应，并运用非参数效应评估方法中的 PSM 进行稳健性检验。

二、技术路线图

图 1.1 展示了本研究的技术路线。

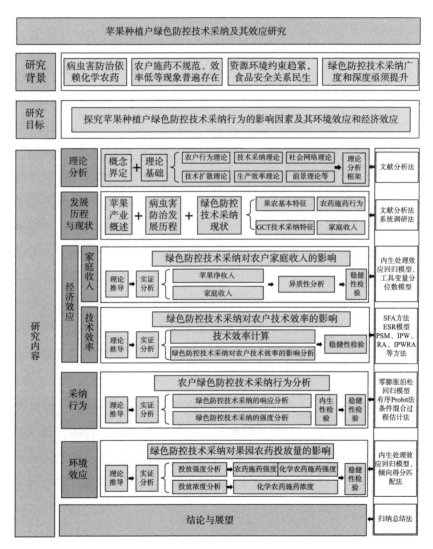

图 1.1　技术路线图

三、数据来源

一是一手数据和资料。此次研究目的实现的关键在于采集一手数据和资料。为此，笔者决定以苹果种植户和合作社负责人为对象，采用访谈和问卷调查的方式，获取样本种植户绿色防控技术认知特征、技术采纳行为特征、社会网络特征、风险特征、信息获取特征、户主个人特征、家庭经营特征、村庄特征、其他生产行为情况等数据。选择山东省烟台市、临沂市两市共计五个县（区）开展实地调研，利用分层抽样方法，在权衡地区经济发展水平、农业生产规模、地形地貌等多方面因素的前提下进行分析，每个县（区）抽取两到三个乡镇，每个乡镇抽取两到三个行政村，每个行政村随机抽取 10~20 户苹果种植户进行"一对一"访谈和问卷调查，获得 475 份调查问卷，其中有效问卷 409 份，占比 86.11%。

　　此次的研究对象为山东省苹果种植户，主要是基于如下几个方面的考量。首先，我国苹果作物最初是在山东省栽培的，这里有着悠久的苹果种植历史，品种类型多样化。其次，山东省苹果种植规模和产量在全国位居前列，每年都有 54.68 万公顷耕地用于种植苹果，为市场提供 987.1 万吨苹果；不管是产量还是规模，都远远超过陕西省之外的其他地区，比如晋、冀、豫、甘等地区的种植规模都只有 20 多万公顷，产量只有山东省的 50%甚至更低。当然，此次研究并未考虑所有山东的省市地区，基于代表性和全面性的原则，最终决定针对沂蒙山区、烟台附近区域的苹果种植户进行研究。原因在于沂蒙山区降雨量充沛，种植规模不大，且较为分散，烟台附近区域比较干旱，大部分种植户的生产都为中小规模。相比较而言，沂蒙山区经济比烟台附近区域更加落后。两地具有经济、规模、气候、发展阶段上的典型性和差异性，地方政府支持、农企订单农业、农民合作社等相比其他地区更加规范和多样化，所以对这两个地区苹果种植户进行调研具有代表性。

　　二是二手数据和资料。此次研究还有一些重要的数据来源，比如《中国统计年鉴》《中国农业统计资料》《中国农业年鉴》，以及中国农业农村部、联合国粮农组织（FAO）、各地区政府网站等。除此之外还从各地统计年鉴、中国知网、Web of Science 等期刊数据库中获取了大量的二手数据和资料。为后续的研究奠定了扎实的数据基础。

第五节　可能的创新之处

在已有相关研究基础之上，本研究重点对苹果种植户绿色防控技术采纳行为及其效应进行分析，其特色与创新如下。

一、研究对象

从研究对象来看，本研究深度挖掘绿色防控技术影响因素中的核心要素，对核心要素进行纵向拆分，将其细分为二级核心解释变量，为拓展研究对象提供了新的思路和方法。与现有文献选择社会网络、风险类型、信息网络等核心解释变量不同，本研究选取社会网络、风险类型、信息网络三个指标作为一级核心解释变量，社会网络和信息网络体现了农户的信息获取水平，风险类型体现了农户的个人决策特征。其中，社会网络细分为亲缘和地缘关系、技术型业缘关系、成本型业缘关系、利润型业缘关系四个二级核心解释变量，风险类型细分为风险偏好类型、损失厌恶类型和小概率事件信任类型三个二级核心解释变量，信息网络细分为智能机使用、手机使用频率、互联网使用三个二级核心解释变量，并以社会网络为例进行内生性分析，检验二者是否存在互为因果的内生性问题。

二、研究内容

从研究内容来看，由经济效应和环境效应两个视角出发，依次从农户技术效率、农户家庭收入、果园生态环境的影响三个角度对绿色防控技术采纳影响效应进行系统性分析，对相关研究进行丰富与拓展。已有文献虽对绿色防控技术采纳的环境效应或经济效应给予关注，但仅探讨了其中某一方面，鲜有文献对绿色防控技术采纳的环境和经济效应进行系统性分析。实质上，绿色防控技术采纳有助于提高生产经营效率和优化家庭资源配置，因此，其对农业绿色高质量发展的影响必然是多维度的。农业绿色高质量发展意味着农业绿色发展和农业高质量发展，其要求农药减量、效率提高和收入提升。从绿色防控技术的环境和经济效应之间的逻辑关系来看，环境效应既是农业绿色发展的集中体现，又是经济效应的重要基础，而经济效应又是农业高质量发展的核心目标，因此，本研究从农户技术效率和农户家庭收入两个层面明确绿色防控技术的经济效应，并在此基础上，从果园生态系统内农药投入、化学农药投入和化学农药施放浓度三个层面剖析绿色防控技术采纳的环境效应，与已有文献相比，本研究全面把握了绿色防控技术对我国农业绿色高质量发展的多维影响。

三、实证方法

从实证方法来看，实证模型综合考虑了绿色防控技术采纳影响效应回归过程中由可观测和不可观测因素造成的选择性偏误问题，具有一定的创新性。苹果种植户绿色防控技术采纳行为并不是随机的，因此，绿色防控技术采纳的环境效应和经济效应评估相关章节可能存在选择性偏误问题，大多文献仅处理了由可观测变量造成的选择性偏误问题。基于此，本研究在绿色防控技术采纳的环境效应和经济效应评估的相关章节，分别运用参数效应评估方法中较常用的 ESR 模型以及较前沿的 ETR 模型等进行回归，综合处理回归过程中的选择性偏误问题，同时运用非参数效应评估方法中较常用的 PSM 方法以及较前沿的 IPW 方法、RA 方法、IPWRA 方法等进行稳健性检验，使研究方法更具创新性，这也是本研究的创新点之一。

第六节　研究思路与篇章结构

一、研究思路

本研究旨在分析绿色防控技术采纳的影响因素及其效应，整体研究思路包括：第一，基于我国农业生产发展现状及国内外相关研究状况提出本研究拟解决的关键科学问题；第二，运用文献分析法对主要概念和相关概念进行界定和区分，同时对相关理论基础进行梳理，并在此基础上构建农户绿色防控技术采纳影响因素及其效应的理论分析框架；第三，运用文献分析法厘清我国苹果病虫害防控的发展历程，总结苹果病虫害防治模式及绿色防控技术的演变特征，突出绿色防控技术的重要性，同时，运用统计分析法归纳调研区域内绿色防控技术采纳的发展现状；第四，实证分析绿色防控技术采纳的影响因素及不同因素之间的层次结构和关联关系，并挖掘产生影响的路径机制；第五，分别从绿色防控技术采纳的环境和经济效应等两个层面出发，依次从绿色防控技术采纳对苹果种植户农药施用行为、农户技术效率和家庭收入的影响三个角度进行实证分析；第六，结合理论分析和实证研究结果，归纳出文章的研究结论，提出兼具可行性和实用性的建议。

二、篇章结构

本书包括八个部分，现对各个部分的主要内容予以概述。

第一章，导论。第一节介绍此次的研究背景和意义，反映出此次研究的迫切性；第二节收集、整理现有的文献资料，并在此基础上展开评述，突出本研究的可能创新点；第三节介绍研究目标与研究内容；第四节指出研究方法、数据来源与技术路线；第五节介绍可能的创新之处；第六节提出研究思路与篇章结构。

第二章，概念界定与理论基础。第一节界定绿色防控技术采纳、苹果种植户农药施用行为、农户技术效率和苹果种植户家庭收入等核心概念，并对相关概念进行辨析；第二节梳理农户行为理论、农业分工的有限性理论、技术扩散理论和生产效率理论等基础理论；第三节构建本研究主题"苹果种植户绿色防控技术采纳行为及其效应"的理论分析框架。

第三章，苹果产业、绿色防控技术与调研数据概况。第一节介绍了我国苹果产业的现状，并阐明了选择山东省为研究区域的具体原因；第二节梳理我国病虫害防控的发展历程，归纳我国农作物病虫害防治模式及绿色防控技术采纳的演变特征，突出绿色防控技术采纳的重要性；第三节介绍调研样本区域内农户的基本情况以及绿色防控技术采纳的现状。

第四章，绿色防控技术采纳对苹果种植户家庭收入的影响。第一节提出本章拟解决的关键科学问题，强调绿色防控技术采纳在促进苹果种植户家庭收入提升中的积极作用；第二节构建理论框架；第三节介绍本章实证部分的模型构建与变量选择；第四节实证分析绿色防控技术采纳对苹果种植户家庭收入和苹果净收入的影响，并围绕其对不同收入水平苹果种植户增收效应差异和动态变化展开异质性分析；第五节为本章小结。

第五章，绿色防控技术采纳对农户技术效率的影响。第一节提出本章拟解决的关键科学问题，强调绿色防控技术采纳在促进农户技术效率提升中的积极作用；第二节构建绿色防控技术采纳对农户技术效率影响的理论框架；第三节介绍本章实证部分的模型构建与变量选择；第四节在对样本苹果种植户生产技术效率进行测算的基础上，实证分析绿色防控技术采纳对农户技术效率的影响，并进行模型的稳健性检验；第五节为本章小结。

第六章，苹果种植户绿色防控技术采纳行为的影响因素分析。第一节提出本章拟解决的关键科学问题，强调挖掘苹果种植户绿色防控技术采纳行为影响因素及其层次结构和关联关系的重要性；第二节构建基于土地、劳动力和资本等多要素约束条件下的苹果种植户绿色防控技术采纳选择行为的理论分析框架；第三节介绍本章实证部分的模型构建与变量选择；第四节实证分析绿色防控技术采纳行为的影响因素以及不同因素之间的层次结构和关联关系；第五节为本章小结。

第七章，绿色防控技术采纳的环境效应，即技术采纳对果园生态系统内农药投放量的影响。第一节提出本章拟解决的关键科学问题，强调绿色防控技术采纳在促进苹果种植户农药减量施用行为中的积极作用；第二节构建绿色防控技术采纳对果园生态系统内农药投放量影响的理论框架；第三节介绍本章实证部分的模型构建与变量选择；第四节从果园生态系统内农药投放强度、化学农药投放强度和化学农药投放浓度三个角度，实证分析绿色防控技术及其不同子技术的采纳对果园生态系统内农药投放量的影响，并围绕绿色防控技术采纳对不同要素禀赋苹果种植户采纳效应的差异展开群组异质性分析；第五节分析绿色防控技术的外部性；第六节为本章小结。

第八章，研究结论与对策建议。第一节介绍各实证章节的主要研究结论；第二节提出与主要研究结论相对应的政策建议，以期为进一步推动绿色防控技术采纳发展提供理论支撑和政策依据；第三节提出本研究的不足之处与研究展望。

第二章　概念界定与理论基础

近年来，我国农业病虫害防治相关问题在社会公众、学术文献和政策文件中皆备受关注。作为病虫害防控技术体系中的重要一环，绿色防控技术不断发展，但普及程度仍处于较低水平，绿色防控技术推广在我国农业实现绿色化、科技化、现代化过程中的紧迫性和重要性日渐凸显。本研究重点分析苹果种植户绿色防控技术采纳行为的影响因素及其环境效应和经济效应，因此，本章首先对绿色防控技术、农药施用行为、农户技术效率和农户家庭收入等概念予以阐述，然后对和本课题相关的理论，比如农户技术采纳行为理论、技术扩散理论和生产效率理论等进行梳理总结，最后构建本研究的理论分析框架，为后续研究奠定坚实的理论基础。

第一节　相关概念界定

本节主要对苹果种植户、绿色防控技术、农户技术效率、农户家庭收入和绿色防控技术的环境效应等核心概念进行界定。

一、苹果种植户

苹果种植户指的是以苹果为主要种植作物的农户，更准确地说，是在商品经济背景下，以家庭为基本单位，开展苹果专业化生产、销售等经济活动，由此赚取收入且为家庭主要经济来源的经营实体（袁雪霈，2019）。本研究主要从农户家庭层面进行分析，所以被研究对象中，每个家庭至少有一人拥有农村户籍，按照现行法律法规具备土地承包权，主要生产苹果产品，这是挑选研究对象的前提条件。另外，其家庭成员是指日常生活在一起、收入与支出共同管理、具有亲缘血缘关系的人口总体。

二、绿色防控技术

本研究中的绿色防控技术指为达到农业防治的目的，利用各种自然因素，采取生物、物理等一系列的措施，在必要的情况下也可以最小化剂量地采用化学制剂的化学防治，从而降低病虫害防治成本以及对生态环境的影响，包含物理防治型、生物防治型和化学防治型在内的病虫害防治技术的总体。其中，具体技术包括：物理防控技术，主要包括杀虫灯诱杀、色板诱杀和防虫网控虫技术等；生物防治技术，主要包括应用以虫治虫、以螨治螨、以菌治虫、以菌治菌等生物防治措施，投放、保护天敌，积极开发植物源农药、农用抗生素、植物诱抗剂等生物生化制剂应用技术；生态调控技术，主要包括采用抗病虫品种技术、作物的合理搭配与混栽技术、果园生草覆盖技术、天敌诱集带防治技术、水肥改善管理技术等；科学用药技术，主要包括使用高效、低毒、低残留、环境友好型农药技术以及优化集成农药的轮换使用、交替使用、精准使用和安全使用技术等。一般认为，不同子技术的采纳行为之间没有必然的联系，多数学者的相关研究皆如此处理（耿宇宁等，2017a；高杨等，2019；刘洋等，2015；蔡书凯，2013）。本研究也维持此假设，原因在于：绿色防控技术的不同子技术是不同层面上的差异化技术，彼此之间没有互为支撑或直接替代的相关关系，因此本研究认为绿色防控技术子技术的采纳是农户独立同时决策的。

针对绿色防控技术进行研究，主要是因为此项技术能够给经济、生态和社会方面带来良好的效益，直接关系到我国的农产品质量安全以及可持续性目标能否实现，从而有效地降低作物损失、增加产量，提高农户的收入水平（Gao et al.，2019）。首先，它将物理、化学和生物防治措施结合在一起，在不影响生物多样性的前提下，对病虫害起到良好的防治作用，提高农产品的质量和产量；其次，提升农业作业的标准化程度，减少农药的使用量，从根源上解决农药残留超标的问题，保障农产品的质量和安全，提高其竞争力，帮助农户节省成本、提高收入；最后，绿色防控技术能够有效地规避以往粗放式生产模式对环境造成的影响，避免农业生产严重地污染生态环境。但是，绿色防控技术在国内并未广泛地普及，导致农业长期稳定健康发展的目标难以有效地实现（Gao et al.，2017a）。

三、农户家庭收入

本研究中农户家庭收入主要包含苹果收入和家庭收入两个指标。其中，家庭总收入为工资性收入、苹果收入、非苹果的种植业收入、畜牧渔业收入、家庭自营产业收入和其他收入等收入的整体。需要说明的是，2020 年调研数据中存在个别受访种植户苹果种植净收入为负的情况，本研究考虑该事实符合正常逻辑和一般规律所以对其进行保留，但为研究方便，对收入为负的情况取对数处理时采用零值替代。

四、农户技术效率

农业生产效率的测算方法较为丰富，主要包括单要素生产率和全要素生产率两种。全要素生产率指的是农业生产过程中投入转化成产出的总效率水平，剔除了其他因素对产出的影响。农户技术效率是全要素生产率的重要构成部分，其从投入产出角度衡量配置效率，表现为在既定的生产方式和要素投入结构条件下，实际产出与最优产出的比值。这种衡量方式允许生产过程中存在效率损失，更能体现农业生产的实际情况。因此，本研究选取农户技术效率作为农业生产效率的衡量指标。

农户技术效率的测算方法包括参数法和非参数法两类。参数法中最常用的是随机前沿分析方法（SFA）。SFA 方法中估计的生产前沿面是随机的，可有效避免农业生产中自然灾害和天气变化等突发事件对技术效率估计的影响，因此，本研究采用 SFA 方法。此外，测算技术效率时，需要设定投入和产出之间的函数关系式，通常人们会选择柯布-道格拉斯（C-D）或是超越对数生产函数。相较于超越对数生产函数，C-D 生产函数更简洁，且经济含义更易理解。此外，本研究的重点是技术效率测算，而非生产函数形式的考察，C-D 生产函数的测算效果优于其他函数形式，基于此，本研究选取 C-D 生产函数形式测算农户技术效率。

五、绿色防控技术的环境效应

绿色防控技术的环境效应主要体现在农户采纳绿色防控技术减少了果园生态系统内的农药投放量，体现绿色防控技术具有正向的外部性和溢出效应。

已有文献主要通过测算农药施用量、农药投入成本、农药施用次数三个指标中的一个或多个来界定绿色防控技术采纳的环境效应，衡量指标尚未达成共识。农业生产实践中，大部分农户并不了解所施农药的折纯量，却对农药投入成本、农药施用次数以及施药劳动过程的操作把握更清晰。除此之外，不同类型农药的施用次数与施用剂量存在明显差异，仅采用农药施用次数代表农药施用行为的说服力不足，因此，本研究选取农药投入成本和农药施放浓度两个方面代表绿色防控技术采纳的环境效应，并细分为亩均农药费用（代表亩均农药投放量）、亩均化学农药费用（代表亩均化学农药投放量）和亩均化学农药施放浓度三个指标。

其中，农药投入成本代表着农药的投放数量，是投入成本和有毒化学制品用量的代表，既具有经济属性又具有环境属性；亩均化学农药施放浓度代表着农药的投放强度，是农户向环境投放的有毒化学制品的浓度配比，浓度越高，会对当地生态造成直接损害，土壤和水源中农药间接残留的概率越大，通过食物链累积进而危害包含人类在内的整个食物网乃至整体生态系统的可能也就越大，因此该指标主要体现技术采纳的环境属性。

第二节　理论基础

在对核心概念进行界定和辨析后，本节重点回顾与总结苹果种植户绿色防控技术采纳行为及其效应研究的相关理论，为本章理论分析框架构建以及后续相关章节的实证分析提供理论支撑。本节涉及的理论主要有农户行为理论、技术扩散理论、农户技术采纳行为理论、社会网络理论、前景理论、外部性理论、生产效率理论等。

一、农户行为理论

随着社会的发展和时代的进步，以及可持续性发展成为全人类的共识，人们逐渐意识到，传统的粗放型农业生产模式是造成众多农业农村问题的根源，比如农药化肥过度使用、农产品质量安全差、生产效率低、对生态环境污染严重等。因此，要从根本上解决上述问题，关键在于积极地调整生产模式，而生产模式主要是通过农户的生产行为表现出来的，因此，农户行为受到了学界广泛的重视，学者们不断进行研究，提出了很多理论，其中具有代表性的理论包括以下几个方面。

（一）理论小农理论

西奥多·W·舒尔茨（1964）在其编撰的《改造传统农业》中阐述了一条假说：在发展中国家，农户比较贫穷，因此，他们在生产过程中更加谨慎和理性，生产要素的配置是比较合理的。由此，舒尔茨指出，小农并不是完全无理性的。或者是说，小农和资本家是具有理性的"经纪人"，其生产和经营活动也是为了追求更高的利益回报。尽管小农应用的是传统生产模式，但也表现出一定的上进心，可以结合现有的资源做出合理经济的决策，确保资源的价值能够最大程度体现出来。因此，在现实中，生产要素的配置效率往往并不低，小农在这方面的行为也可以通过帕累托最优原则来解释。以往，农民会根据市场价格的变化做出决策，但这并不意味着生产要素配置实现了最优。简而言之，传统的农业是有效的贫困。

（二）生存小农理论

美国学者斯科特基于大量的实践案例，提出了"道义经济"命题。该学者在研究中指出，小农经济最为典型的特征是追求稳定和安全，农民在生产和决策时，最大的考量在于防止自身陷入经济灾难中，这比利益的最大化更加重要。显然，支持这一理论的学者，更加关注的是小农户的生存需求。利普顿（1968）在其编撰的《小农合理理论》中，把"风险厌恶理论"中"风险"与"不确定"条件下的"决策理论"引入农户经济行为研究领域。他认为，小农本不富裕，他们的生活难以得到保障，对他们而言，生存下去是最重要的，所以其经济行为可以通过"生存法则"来描述。这一理论对政策制定者的启示是农户最重要的需求是避免发生严重的风险事件，因此政策的出发点应该是降低风险，降低新技术潜在的损失，只有这样才能增强农户尝试新技术的动机。

（三）劳役回避型农户理论

上述两种理论都忽视了农户消费这一点。从农户的立场来看，农业劳动无趣而且费力，若是放弃了劳动，虽然会形成正效用，但同时也会失去收入，进而影响到整个家庭的运转。所以，农户的期望有两点，其一是收入，就是通过劳动能够赚取收入；其二是降低劳动导致的负效用。但是，这两点期望是存在冲突的，农户必须在二者之间进行权衡。恰亚·诺夫（1984）认为，农户的生产是为了支撑整个家庭的开支，利益固然重要，但他们更关心的是降低生产风险，获取最基本的生活保障。如果其当前的收入足以支撑家庭消费，他们往往不会投入更多的要素去追求更高的收益，因为这也意味着承担更大的风险。小农并不是基于成本收益的对比做出决策的，他们主要考虑的是如何在家庭的消费需求和劳动负效用之间达到平衡。总而言之，该理论认为农户经济具有保守、落后、非理性、低效率等一系列的特点，从人口学的角度厘清了农户经济动机，具有一定的指导性作用和价值。

（四）新家庭经济学理论

由于劳役回避型农户理论忽视了劳动力市场存在的不足，新家庭经济学学者们基于劳动力市场完全开放的假设性条件进行研究。贝克尔对家庭内部劳动分配的研究揭开了新家庭经济学理论的序幕。这一理论关注的是整个家庭的效用，而非消费者个体效用，在充分考虑劳动力市场后，农户就能够在自身生产效率和市场雇用劳动效率对比的基础上进行决策。

（五）"过密化"理论

华裔学者黄宗智（1992）将过去一个多世纪期间中国农村经济的变迁史形容为"没有发展的增长"和"过密型商品化"，他认为中国农村改革的本质为反过密化。该学者认为中国小农经济逻辑在于"内卷化"，也就是他所形容的过密化。该概念的含义体现在两个方面，第一，家庭农场拥有的耕地并不多，为了维持生计，即便是劳动力边际效益非常低，也会继续投入劳动力，从而提高其产出。第二，比较落后的经营式农场和小农经济融合起来，由此产生了一种非常稳定和死板的小农经济体系。导致"过密型"的根源在于农户家庭无法解雇剩下的劳动力，因此在这一体系下，"无产-雇佣"阶层是比较少的。

（六）佃农理论

这一理论是国内学者张五常对不同农户的关系进行研究和分析后提出的。该学者（1969）指出，农户的决策不单单考虑自己，通常也会受到其他人决策的影响。为了能够更好地探究地主和佃农在业务上的关系，该学者建立了科学的框架，基于现代新制度经济学理论对分成租佃制度进行分析，论证了传统理论是站不住脚的。根据这一理论可知，在农业生产的过程中，很多因素即便是发生了变化，比如分租、定租等，土地利用效率也不会因此而改变。但若是产权弱化，或是政府过多地介入，就有可能造成资源配置无效的问题。该学者最后指出，要充分提高土地利用效率，关键在于制定并实施产权制度，使土地能够在市场中自由地流通。

（七）农户行为理论

这一理论同样是考虑了劳动力市场，它的假设条件是同一个家庭成员进行同样的生产劳动，其效率是存在差异的。因此不同劳动力的机会成本也不一致。如果家庭劳动生产率是不变的，不同的劳动力基于市场实际情况，选择外出雇工劳动和在家务农的决策也有所不同。这一理论的核心思想是一个农户家庭劳动成员在开展生存性农业劳动的过程中效率是一致的，但在劳动力市场中能够赚取的报酬是存在差异的，所以农户以家庭为单位进行农业生产的前提是其生产效率超过市场的报酬水平。这一理论告诉我们，农户决定是否从事农业生产活动，是由粮食价格和非农货币工资这两项重要的因素决定的。

总而言之，不同理论的学者们从不同角度出发，针对农户决策行为展开研究，为后来的学者们提供了重要理论基础。如前所述，不同理论学派仅揭示了农户某个方面的特征，而且所持研究结论存在差异，这种差异来源于研究对象与时代背景不同，但是不同学派研究观点也存在相似之处。不难发现，已有农户行为理论均指出农户决策行为是外部约束和自身资源禀赋共同决定的结果。改革开放以来，我国农业发展经历了一系列的制度变迁，但始终坚持社会主义制度下的土地集体所有制，不存在资产阶级对无产阶级的剥削问题，随着我国经济快速发展，温饱问题不再是农户家庭决策的重点，生存问题也不再是农户家庭迫切需要解决的问题，因此，"剥削小农"和"生产小农"已不适用于我国农户的发展现状。此外，随着工业城镇化程度的不断加深，越来越多的农业劳动力选择向非农产业进行转移，农业经营性收入所占的比重逐渐降低，农业劳动力避免过量地集中于农业生产领域转而进入到非农领域中，这是多重理性的结果。"综合小农"不适用于我国农户发展现状，当前我国农户行为更接近于舒尔茨的"理性小农"观点，即农户行为是其追求利润最大化的结果。本研究重点关注农户病虫害防治采纳行为，农户采纳绿色防控技术的主要目的是降低病虫害风险、提高农业生产效率和增加家庭收入，而这一过程的实质就是农户通过权衡风险、利益和资本投入的关系，实现家庭利润最大化的过程。

二、技术扩散理论

在农业这一领域中，该理论包括了如下两大部分。

（一）技术踏车理论

别名农业踏车理论，它主要探究的是随着农业技术的不断发展，商业性农业生产者的竞争和收益分配。根据这一理论可知，农户农业技术进步面临的需求价格弹性很小，技术进步引发的价格以及分配效应，使农产品消费者能够获取更多的收益，相比之下农户本身的收益更少。整体而言，农业技术发展会导致农民纯收入水平维持稳定，或是有所降低。在市场竞争背景下，期望新技术能够带来更加可观收益的农户通常都会更加积极地尝试新技术，一旦新技术为其带来超额利润，他们就会主动地向他人推荐新技术，使其他的农户能够获取更多的信息，消除新技术应用的风险隐患，并且还能够为其他的农户提供一定的指导，这对新技术的推广和普及是很有帮助的。随着采纳新技术的农户不断增多，新产品供给曲线往右移动但需求曲线保持原来的位置，如此一来，新产品的价格就会降低，利润空间被压缩，无法保持超额利润水准。在这种情况下，之前先采纳新技术的农户，会在利益的驱使下，不断地寻找并应用更新的技术，由此进入良性循环，释放出农业技术"踏车效应"。该理论告诉我们，农户为了实现更高的收益水平，会持续地引入并应用新型农业科技。而对新技术抵触的农户，必然会蒙受损失甚至是被淘汰出局。农户应用新技术的动机在于期望新技术能够带来更高的产量和收益。

（二）罗杰斯的创新扩散理论

美国学者罗杰斯（2002）建立了技术扩散理论，认为农户应用新技术的实质是新技术的扩散传播过程。通常情况下，大部分农户是风险规避者，对新技术的采纳持较为谨慎的态度，但也会通过某些路径，从具有风险偏好特征的农户个体或者区域向越来越多的农户群体和区域扩散传播，这一传播过程基本呈现出 S 形的变化特征，初期技术扩散的速度较缓慢，仅有少量具有风险偏好特征的农户愿意采纳新技术，随着新技术效果显现和时间推移，技术扩散的速度不断增加，越来越多具有风险规避特征的普通农户尝试采纳新技术。但这种大范围的扩展速度并未一直延续，达到某个临界点后，技术扩散的速度会趋于平缓，直到新技术扩散过程截止（林兰，2010；王玉龙等，2010；董君，2012）。根据新技术采纳的时间顺序和扩散速度，埃弗雷特罗杰斯将农户分为开拓者、先行者、追随者、大众、后觉者五大类，如图 2.1 所示。

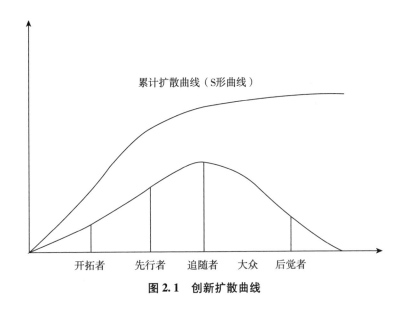

图 2.1　创新扩散曲线

　　根据创新扩散理论可知，农户对新技术的采纳过程由五个环节构成。其一，认识环节。农户通过各种渠道初步了解新技术，比如其他农户的推荐、农技站工作人员的介绍、网络搜索等，重点是了解新技术的功能。在这种情况下，农户重视的是新技术的核心、原理以及操作方法，还有新技术能够带来怎样的益处等。这一环节中由于农户对新技术的细节不太了解，所以往往对新技术采纳保持谨慎的态度。其二，兴趣环节。到了这一环节，农户结合自身的实际情况，意识到新的技术有助于解决自身实践中遇到的问题，于是对新技术产生了更加浓厚的兴趣，更加主动地获取新技术的相关信息，比如向农技站的专家咨询，或是委托子女查询相关的资料等，形成对新技术更加全面的认知，同时也有助于降低不确定性。其三，评价环节。在形成对新技术的全面认知和了解后，农户会从自身的实际情况出发，对新技术进行评价，并由此确定是否在农业生产中应用新技术。其四，试用环节。到了这一环节，农户的评价结果表明新技术是有效的，考虑到自身缺乏新技术的经验，因此为了在最大程度上降低风险，通常会选择少部分的耕地和作物，对新技术进行试验性的应用，此时在新技术方面投入的资本、劳动、土地等生产资料是比较少的，农户会密切地跟踪新技术的试用过程和结果，当积累了一定的经验，确认自身能够熟练地操作新技术，且通过实践证实新技术有效。其五，采用或放弃环节。农户基于前期试验结果是否达到了自身的预期，做出是否应用新技术的决策。如果选择采纳，就会将新技术大范围地应用开来。不过须指出的是，在大规模应用新技术之前，通常会对新技术进行反复的小规模试验，从而确保自身能够更熟练地掌握新技术，有效降低新技术实施过程中的不确定性，避免因个人操作不到位导致严重的风险。

技术扩散理论为本课题中探究绿色防控技术采纳对农户施药行为的影响提供了重要依据。具体而言，绿色防控技术主要通过以下两条路径促进农户改变施药行为：一是绿色防控技术可以向处于兴趣阶段或者评价阶段、有改用生物农药意愿的农户提供技术支撑；二是绿色防控技术可以为处于认识阶段或兴趣阶段或无改用生物农药意愿的农户引入绿色生产知识和要素，通过提高无改用生物农药意愿的采纳组农户的技术认知水平，增强其使用绿色防控技术的意愿，并推动意愿向行为转化，促进无改用绿色防控技术意愿采纳组农户采纳绿色防控技术。

三、农户技术采纳行为理论

农业的独特性体现在很多方面，它对各种自然灾害都非常敏感。相比于旱涝、冰霜灾害，病虫害虽然后果相对不太严重，但却更加常见。除此之外，农业生产和经营也伴随着各种市场风险。因此，农业产量以及生产效益很难保持稳定。在经济学领域中，理性的农户开展生产活动，是为了尽量地提升效用。农户生产行为指的是农户为实现特定的目标，在生产时结合实际情况，对各方面的生产要素进行合理的配置，也就是生产种类、生产规模和生产方式等方面所选取的行为（何蒲明等，2003），比如确定作物品种，土地、劳动力以及资金等的分配，化学试剂的选择，技术采纳等。农户会全面权衡自然、社会和经济等因素并做出最终决策。

农业技术采纳行为理论是建立在理性经济人这一假设条件基础上的。也就是说农户在决策时，考虑的是如何才能尽量地提升效益水平（Smith A，1976）。如果不存在任何不确定性，最大化效用行为容易确定，但现实状况是，人在决策的过程中通常会兼顾"风险"和"不确定"，这就导致决策结果是难以准确预测和控制的。所以，个体在决策之前，会对不同决策的效用（Expected Utility）展开预测和对比，然后再作出决策（Von Neumann et al.，1944）。预期效用最大化模型可通过下式描述：

$$U(X) = E = \sum t_i u_i(X_i) \qquad (2-1)$$

其中，X 是个体在偏好导向下做出的效益最大化决策结果，t_i 代表风险和不确定下产生各种结果 X_i 的概率。农户技术采纳行为的本质就是预期效益最大化的技术决策过程。具体而言，代表农户会对绿色防控技术和目前应用的技术展开生产效益（利润和产量）的对比，在其他因素保持恒定的条件下，农户采纳绿色防控技术的前提是新技术的预期收益超过目前应用的技术的收益。反过来，即使绿色防控技术的预期边际收益超过了边际成本，农户也会拒绝应用新技术。农户采纳绿色防控技术的前提可通过数学式进行描述，具体如下：

$$PG(X)\ddot{e}(Z) - (w + r)X \geqslant P_0 F(X) - rX \qquad (2-2)$$

式中，$G(X)$ 和 $F(X)$ 二者代表应用绿色防控技术和应用目前技术的生产函数，X 代表各种生产要素，P 和 P_0 二者代表绿色防控技术以及目前应用技术下的产品价格，w 和 r 二者代表应用新技术后单位成本的增幅以及目前应用技术的单位成本。$\ddot{e}(Z)$ 代表农户禀赋等因素影响 Z 所决定的主观风险函数。当且仅当绿色防控技术符合式（2-2）的情况下，追求更高效益的农户才会采用绿色防控技术。

四、生产效率理论

（一）生产技术效率的经济学内涵

效率是经济学研究的重要概念，分为广义和狭义两种类型，狭义效率可理解为资源配置效率，是建立在资源稀缺性基础上的配置过程。广义效率则是一个相对概念，原因在于，只有通过比较才能明确哪种配置方式更有效率，将效率引入生产理论中，便衍生出生产效率概念（周宏等，2014；钱龙等，2016；高鸣等，2017；赵丹丹等，2020；王静等，2021）。部分学者采用单要素生产率来衡量生产效率（范红忠等，2014；杨宗耀等，2020a；郑宏运等，2021），该衡量方式需要假定生产者处于配置最优的完全要素市场中，要求生产时避免效率损失。而生产技术效率从投入产出层面来量化不同要素的配置效率，主要表现为既定条件下，实际产出与最优产出之间的比值，该衡量方式允许生产过程中存在效率损失，更能体现生产实际情况（Chavas et al.，2005；李谷成等，2010）。基于此，本研究选取生产技术效率作为生产效率的衡量指标。

已有文献分别从投入和产出两个层面对技术效率概念进行界定。从投入角度看，Farrell（1957）通过引入等产量曲线的方式分析生产技术效率的内涵，指出生产技术效率是在规模报酬不变的基本假设下，生产一定数量产品所需的最小成本和实际成本之间的比值，该观点认为生产技术效率=最小成本/实际成本。从产出角度看，Leibenstein（1966）指出技术效率是在规模报酬递减的基本假设下，实际产出和可达到最大产出的比值，该观点认为技术效率=实际产出/最大产出。可以看出，两种界定方式很相似，均通过计算实际值与最优值的比值（或比值的倒数）的方式来测算技术效率。值得一提的是，通常情况下，实际值可以直接获得，因此，技术效率测算的关键在于最优值测算。

（二）生产技术效率的测度方式

由上述分析可知，生产技术效率界定方式主要包括投入角度和产出角度两种，概念界定方式的差异会导致测算方式的不同。从投入角度看，Farrell（1957）指出经济效率由技术效率和配置效率构成，技术效率指的是当要素投入保持不变时，能够实现的最高产出；配置效率指的是在投入要素价格和技术水平不变的前提下，投入要素能够达到最佳配置比例的能力，三者的关系如图 2.2、图 2.3 所示。

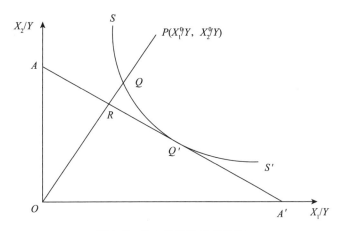

图 2.2　投入角度的技术效率

图 2.2 中，假设生产一单位产品的投入要素为 X_1，X_2，对应的产出水平为 Y，等产量曲线和等成本曲线分别为 SS' 和 AA'，其中，等产量曲线的函数关系为 $Y = f(X_1, X_2)$，即投入的前沿生产函数，等成本曲线的斜率由要素比确定。图中 P、Q 和 Q' 分别代表非经济、技术和经济有效点，技术效率项可由等产量曲线 SS' 测算所得，即 OQ/QP，取值范围为 (0, 1)，而 QP/OP 代表技术非效率项，指技术有效前提下，可节省的要素投入比例，则技术效率 TE 为 $OQ/OP = 1 - QP/OP$。此外，由图 2.2 可知，Q 点技术有效但配置无效，而 Q' 点技术和配置均有效，RQ 表示点 Q 到点 Q' 的节约成本，故 P 点的配置效率 $AE = OR/OQ$，总经济效率 EE 为 OR/OP，且 $OR/QP = 1 - RP/OP$，而 RP 表示技术和配置均有效条件下的节约成本。故 $EE = OR/OP = OR/OP \times OR/OQ$。即总经济效率＝技术效率×配置效率。

从产出角度看，Leibenstein（1966）同样运用经济效率与技术效率和配置效率的关系进行分析，假设投入要素为 X，产出为 Y_1，Y_2，由图 2.3 可知，生产可能性曲线为 ZZ'，即产出的前沿生产函数。OA 为既定要素投入下的实际产出，而 OB 为最大产出。故技术效率 TE 为 $OA/OB = 1 - AB/OB$，AB 为可能的产出增加量。因此，B 点的配置效率 $AE = OB/OC$；总经济效率 EE 为 OA/OC，且 $OA/OC = 1 - AC/OC$。因此，$EE = OA/OC = OA/OB \times OB/OC$，即总经济效率＝技术效率×配置效率。值得一提的是，以上通过投入和产出角度分析生产技术效率的方式同样适用于两种以上要素投入和产出的情况。此外，从产出角度测度生产技术效率的方式与经济增长理论密切相关，且更容易被接受，所以，本研究从产出角度测算苹果种植户的农户技术效率。

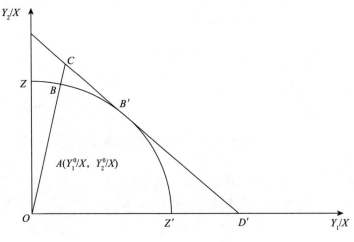

图 2.3 产出角度的技术效率

五、其他理论

（一）社会网络理论

社会网络这一术语的创建者为英国人类学者 R·布朗。1988 年，Wellman 将其界定为基于不同个体的社会关系而形成的稳定系统，也就是把"网络"当作是连接行动者（Actor）的各种社会联系（Social ties）或社会关系（Social relations），如果它们产生了稳定的模式，就能够孕育出社会结构（Social structure）。在社会网络实践持续拓展的过程中，它的概念也并不局限于人际关系。社会网络中的行动者（Actor）可能是个体，也可能是家庭或组织等。很多个体都是通过社会网络得到知识和信息的。网络成员是不同的，其掌握的稀缺性资源及资源的流动方式和效率主要由关系的数量、方向、密度等因素所决定。

社会网络理论强调社会情境中具有一定关系的个体在思考和行事方式上比较相似。这一理论的研究对象是特定社会行动者之间产生的关系和纽带，它把社会网络当作一个整体，据此对社会行为进行解释（Mitchell，1969；Tichy，1979）。社会网络将本来不存在关系的行动者联系起来，并把行动者分为若干个关系网络。社会网络理论包括平衡理论（Frutz H，1958）、市场结构观（Lin N et al.，1981）、嵌入性概念（Granovetter M，1988；White H C，1981）、连接强度、社会资本理论和结构洞理论等。相较而言，连接强度、社会资本理论和结构洞理论被更多的学者所认可和接受，它们也是社会网络理论框架最重要的组成部分。

1. 连接强度

社会网络的节点是通过连接而形成联系的，在对网络进行分析时，必然会涉及连接。Granovetter（1973）以频率、感情力量、亲密程度等为依据，将连接笼统地分为两种，即强连接和弱连接。根据弱连接（Weak Tie）理论可知，只要是弱连接的扩散，不管是哪一种形式，都能够穿透更远的社会距离，覆盖大量的人群。原因在于群体中属性比较接近的个体，对于同一种事物、事件的认知往往是相同的，具有强连接的群体，由于处于同一圈子，其获取的信息重复性较高。所以通过强连接获取信息，难免会发生信息冗余的现象。而弱连接为不同个体间的连接提供了长程捷径，因此和强连接对比来看，弱连接可以更有效地起到桥梁或纽带作用，进而使个体得到其所需的信息或资源。而根据 Krackhard T D（1992）的强连接（Strong Tie）理论可知，弱连接在信息扩散方面具有优势，强连接在传递情感、信任方面表现更佳。所以当存在决策成本或风险时，强连接使人们得到可以信赖的对象（李林艳，2004）。上述两种假设，都为扩散动力学领域开辟了新的方向，受到很多后来学者的认可和借鉴（Centola D et al.，2007；Centola D，2010；Banerjee A，2013；Zheng M，2013）。

2. 社会资本理论

20 世纪 80 年代，法国学者 Bourdieu 提出了"社会资本"这一术语，并将其当作是能够为人创造利益的资源（Portes A，2000）。美国社会学家 Coleman 认可 Bourdieu 的说法，并将社会资本界定为隶属于个人的社会结构资源的财产（Coleman J S，1988）。社会资本通常依附于社会团体的关系网络，只有成员或是与网络存在联系的个体才能得到回报。所以，社会资本可能由任何社会关系和社会结构孕育出来，它在很大程度上影响着个体的生存以及发展，因此在研究个体行为选择时，可以以该理论为指导。

3. 结构洞理论

结构洞在人际网络中非常常见，从特定的角度来看，它会导致异质网络难以有效地传播行为。Burt（1992）在其研究中提到，不管是凝聚力比较看重的直接联系，抑或结构等位所强调的对称的非直接联系，其包含的冗余结构都能够加速行为在网络中的传播。凝聚力或结构等位共同构成的强关系，代表结构洞是不存在的。简单而言，只有在凝聚力与结构等位不健全的情况下，才会产生结构洞，在不存在冗余结构支撑行为扩散的情况下，行为就难以有效地扩散。所以，对于那些有结构洞的群体，结构洞理论有很多可借鉴和参考之处。

如图 2.4 所示，根据连接强度理论，农户与异质性较强的主体之间（如农技员、农业专家、农资销售商、苹果收购商等）的联系是弱连接关系，主要作用为传递新技术信息；农户与同质性较强的主体（如亲戚、朋友、邻居等）之间的联系是强连接关系，主要作用为传递情感、信任和影响力。根据结构洞理论，如果农户 B 的联系主体少于农户 A，形成类似洞穴的社会网络结构，那么农户 A 将获得信息优势从而获益，这体现了信息不对称性的作用。社会网络理论将应用于绿色防控技术采纳行为中对农户社会网络特征的研究。社会网络理论为本研究分析绿色防控技术采纳影响因素中抓住核心解释变量社会网络提供了理论支撑，并为将作为一级指标的社会网络进一步细分为亲缘地缘社会网络、技术型业源社会网络、利润型业源社会网络、成本型业源社会网络提供了讨论基础。

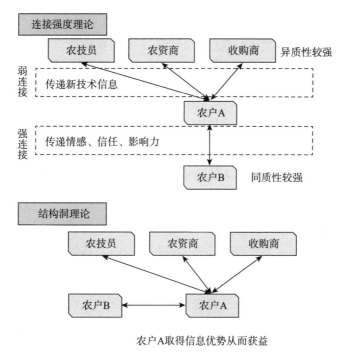

图 2.4　社会网络理论在本研究中的应用

（二）前景理论

展望理论（prospect theory），也有学者将其称为"前景理论"，其奠基者为丹尼尔·卡内曼和阿莫斯·特沃斯基，他们把心理学的成果引入经济学领域，探究了不确定性情况下人的判断和决策。在过去很长一段时间，经济学都是以理性人为前提的，展望理论基于大量的实证研究，聚焦于个体的心理特质、行为特征，厘清了选择行为的非理性心理因素。建立在理性人假设前提下的期望效用理论，属于传统经济学范畴，是规范性的经济学，它告诉人们如何做；而展望理论来源于行为经济学，属于实证性的经济学，它表征了人们在现实中是如何做的。人在利益面前，对风险表现出拒绝的态度；但当有可能遭受损失时，每个个体都会愿意去冒险。而损失和获利是相对的概念，当调整参照点时，个体对风险的态度就会发生转变。最典型的例子是买彩票和买保险。

期望效用理论把特定结果出现的可能性当作效用权重，根据这一理论可知，效用的加权和即为概率，同样的选择通常是基于同一个概率出现的。这一理论所包含的具有偏好一致性假设的选择模型存在三项假设性前提：一是，行为人特定期望的所有效用和结果的期望是一致的；二是，资产组合在特定参照点被接受的条件，是行为人资产组合的整体期望值高于构成整体的每个成员的资产期望的加总；三是，描述行为人风险厌恶状态下的效用函数为凹状，其二阶导数是负数。但在现实中，上述假设性条件是不成立的，原因在于通常无法准确地预测结果，而是会高估结果，因此实际的行为和期望效用理论是不相符的。

针对期望效用理论存在系统性偏差这一问题，学者们经过多年的研究建立了替代模型——前景理论（Prospect Theory）。根据前景理论可知，不确定条件下的选择行为是处在展望和冒险中间的行为，人们展望风险并进行选择，有可能违背了偏好一致性和效用最大化的假设。就背离偏好一致性的角度而言，人们在选择时通常会剔除和决策一致的因素，行为人选择的一致并非意味着偏好一致性，或者说不同形式的同一种选择背后的偏好是不一致的；为了尽量提高背离效用，个体通常都会把潜在的结果和过去已经出现的结果进行比较，由此低估了可能结果的"确定性效应"，个体并非根据效用最大化作出的决策。为此，支持前景理论的学者们指出：在确定能够获取收益的情况下，人们更加倾向于选择远离风险；在确定会发生损失的情况下，人们更加倾向于冒险；人们对损失的敏感程度高于获得；即使小概率事件很少发生，人们还是热衷于相信它会发生。上述观点在选择结果方面反映出现实中普遍存在理性选择和非理性选择的同构现象。

前景网络理论为本研究分析绿色防控技术采纳影响因素中抓住核心解释变量风险类型提供了理论支撑，并为将风险类型作为一级指标进一步细分为风险偏好类型、损失厌恶类型、小概率事件信任类型提供了研究基础。

（三）外部性理论

这一理论反映了经济活动中低效率资源配置问题的根源，为环境外部性问题的解决指明了方向。外部性理论是 20 世纪初由马歇尔提出的。在这一理论中，外部性是指在经济活动中，生产者或消费者的活动对其他生产者和消费者产生的超越活动主体范围的影响。从本质上来看，它指的是成本或效益的外溢现象，即市场交易对第三方形成了非市场化的影响，但后者并未得到任何的补偿和收益，此即为所谓的外部性。它包括了正外部性和负外部性，从经济效益层面分析，正外部性即为社会边际成本小于私人边际成本，也就是个体的生产或消费导致其他个体受益但无法收费的现象；负外部性指的是社会边际成本高于私人的边际成本，即某个个体的行为影响了别的个体，导致后者付出额外的成本费用但无法获取补偿的现象。环境污染是外部不经济所带来的。在外部不经济的情况下，行为主体无须支付任何费用或代价，而由社会来承担，简单来说就是私人成本社会化。

外部性理论为本研究提出的部分政策建议提供了理论依据。农户在农业生产中不断增加化学农药、化肥等农资用量以达到产量最大化目标。但同时农户过量或不合理地使用化学农药和化肥给农业生态环境带来了严重的破坏。但是，如果农户不会被追究责任，则在农户农业生产资料的投入上，社会边际成本超过私人边际成本，由此表现出负外部性，所以当绿色技术外部性过大时需要政府干预才能有效促进其技术扩散。

第三节 理论分析框架

基于上述理论基础的梳理总结，本节试图围绕"技术采纳—经济效应—采纳动因—溢出效应"这一逻辑主线，将苹果种植户绿色防控技术采纳行为及其效应的相关研究融合在一起，建立理论分析框架，从而统领后续章节的实证分析。首先，分析农户采纳绿色防控技术的经济效应，明确技术采纳是否具有增加收入和节本增效的驱动力；其次，立足于农户禀赋差异及其信息获取（包括社会网络和信息网络）、风险类型、农业补贴等核心因素，分析哪些因素促进或制约了苹果种植户绿色防控技术采纳行为；最后，探讨绿色防控技术采纳对果园生态系统的影响，明确技术采纳是否具有环境溢出效应（见图2.5）。

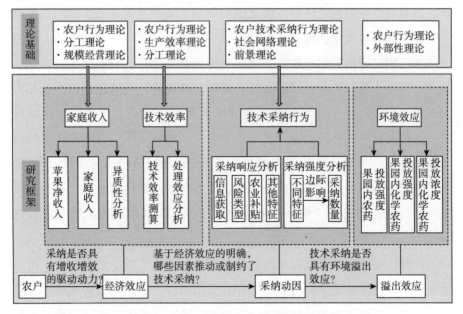

图 2.5　理论分析框架图

　　本研究关注了绿色防控技术采纳的经济效应，具体可从效率和收入两方面展开。农户技术效率是绿色防控技术采纳经济效应的直接体现，而苹果种植户家庭收入则是经济效应的衡量标准。从绿色防控技术采纳对农户技术效率的影响来看，根据生产效率理论和规模经营理论，绿色防控技术采纳通过要素优化和要素替代等路径，提升农户技术效率。除此之外，从绿色防控技术采纳对苹果种植户家庭收入的影响来看，根据苹果种植户行为理论和规模经营理论，绿色防控技术采纳主要通过要素替代和产出效应来影响苹果种植户家庭收入。需要指出的是，绿色防控技术采纳能否提高农户技术效率和能否提升苹果种植户家庭收入，仍须进行实证检验。

　　关于绿色防控技术采纳的经济效应分析，主要通过本研究第四章和第五章中绿色防控技术采纳对农户家庭收入和农户技术效率的影响来进行论证。

　　随着市场对产品安全要求不断提高、公众对生态环境的越发重视、病虫害防控成本日渐高昂、农户环保意识日益提升，苹果种植户的病虫害防治手段选择向多元化、异质性转变的过程加快，在此背景下，不同苹果种植户绿色防控技术采纳决策的差异性不断凸显。基于技术采纳经济效应已明确，本研究接下来分析了苹果种植户绿色防控技术采纳的影响因素。具体来看，其一，基于农户行为理论、农户技术采纳行为理论，苹果种植户绿色防控技术采纳是其追求家庭利润最大化的结果，是对土地、劳动力、资本等自身要素禀赋进行优化配置的过程，因此，苹果种植户自身要素禀赋对其绿色防控技术采纳决策具有重要影响。其二，基于社会网络理论，群体中属性比较接近的个体，对同一个事物、事件的认知往往是一致的，所以根据强连接获取信息，难免会发生信息冗余的问题。而弱连接为不同个体间的连接提供了长程捷径，因此和强连接对比来看，弱连接可以更有效地起到桥梁或纽带作用，进而使个体得到其所需的信息或资源。因此，同质性高的社会网络关系可以传递情感、信任和影响力，形成"羊群效应"和示范效应，但是却较难为苹果种植户提供绿色防控技术的关键信息和资源，而异质性高的社会网络关系可以弥补这个短板，因此，本研究在区分同质性社会网络和异质性社会网络的基础上，将异质性社会网络深挖拆分为技术型业缘关系、成本型业缘关系和利润业缘关系。社会网络为苹果种植户提供关键信息和资源的路径成为本研究分析社会网络影响苹果种植户绿色防控技术采纳的重要依据。其三，基于前景理论，苹果种植户应对病虫害问题是标准的不确定条件下的选择行为，绿色防控技术采纳是处在展望和冒险中间的行为，苹果种植户展望风险并进行选择，有可能违背了偏好一致性和效用最大化。苹果的病虫害问题对种植户来说是一个复杂的风险识别情境。一方面，采纳绿色防控技术可以通过抑制病虫害发生的概率而提高优等果产出的比例，是一个收益情境，苹果种植户为保障优等果产出数量而表现出的风险偏好状态进而偏好于采纳绿色防控技术；另一方面，如果不采纳绿色防控技术依然可以保障果品质量和产出数量，苹果种植户可能会表现出对额外付出防治成本的损失厌恶而偏好于不采纳绿色防控技术。可见，苹果种植户的风险类型会对其绿色防控技术采纳决策产生重要影响。综上所述，本研究围绕苹果种植户的土地、劳动力、资本等自身要素禀赋及其社会网络、风险类型、农业补贴等特征，分析苹果种植户绿色防控技术采纳的影响因素。需要指出的是，苹果种植户绿色防控技术采纳的采纳行为、采纳水平及影响因素之间可能存在的层次和关联，仍需要进行实证检验。

关于苹果种植户绿色防控技术采纳行为、采纳水平及逻辑关系的分析，主要通过本研究第六章中苹果种植户绿色防控技术采纳行为分析来进行论证。

在厘清了苹果种植户绿色防控技术采纳行为的决策机制后，本研究还分析了绿色防控技术采纳的环境效应。具体来看，苹果种植户绿色防控技术采纳的重要目的之一在于规范施药行为，根据农户行为理论、嵌入理论和外部性理论，苹果种植户农业生产决策为多目标决策，核心目标是自身利益最大化，技术采纳行为是苹果种植户综合考虑自身优势和资源禀赋后的决策。根据技术扩散理论，绿色防控技术采纳不仅可以向有绿色生产意愿的苹果种植户提供化学农药替代技术，而且可以通过嵌入理论向无绿色生产意愿的苹果种植户传入绿色生产意愿，促进各类苹果种植户采纳绿色生产技术。除此之外，根据农户行为理论和规模经营理论，苹果种植户可通过绿色防控技术采纳而降低农药施用量、化学农药施用量和化学农药投放浓度，实现化学农药减量化。需要指出的是，绿色防控技术采纳能否促进苹果种植户实现化学农药减量，以及可否规范苹果种植户的施药行为，仍需要进行实证检验，因此，本研究以评估绿色防控技术采纳是否能够降低果园生态系统内农药投放量为目标，以农药投放强度、化学农药投放强度和化学农药投放浓度为环境效应的代理变量，评估绿色防控技术采纳的环境效应。

关于绿色防控技术采纳的环境效应分析，主要通过本研究第七章来进行论证。

第三章 苹果产业、绿色防控技术与调研情况

沿袭上一章对本研究核心概念的界定与理论框架的构建，本章分别从宏观层面和微观层面梳理我国苹果产业现状和病虫害防控以及绿色防控技术的发展历程，归纳调研区域内苹果农户绿色防控技术采纳情况和其他情况。首先，梳理我国苹果产业概况，对比不同苹果主产区域特点，陈述本研究选择山东省作为研究区域的原因；其次，回顾我国病虫害防控的发展历程，总结现阶段绿色防控技术的类型，概括绿色防控技术采纳的重要作用；最后，基于 2022 年 1—2 月和 2022 年 7—8 月对山东省烟台市和临沂市共 5 个县（区）苹果农户的问卷调查数据，介绍本研究微观数据的详细来源，并对苹果农户的基本特征、绿色防控技术采纳情况、农药施用行为以及家庭收入情况等进行描述性统计分析，以山东省为例归纳当前我国环渤海湾苹果优势产区农户绿色防控技术的采纳现状和主要特点。

第一节 苹果产业情况

一、苹果面积

国家统计局数据表明，2021 年我国苹果种植面积为 3132.12 万亩（1亩 $\approx 666.7\mathrm{m}^2$，下同），相比上一年的 3132.78 万亩降低了 0.02%。黄土高原优势区种植面积为 1830.42 万亩，同比降低 0.18%；环渤海湾优势区种植面积为 795.28 万亩，同比降低 1.98%；其他产区种植面积为 506.42 万亩，同比提高 3.82%。新疆、西南地区（四川、云南、贵州、西藏）、宁

夏等特色产区种植面积继续保持增长趋势，山东、河北、河南、山西等传统优势产区由于结构调整，种植面积有所缩减。

二、苹果产量

国家统计局数据表明（见图3.1），2021年全国苹果产量为4597.34万吨，同比增加4.33%。近年来我国苹果产量基本呈上升趋势。以2021年为例，陕西为1242.46万吨，占全国苹果产量的27.0%；山东为977.21万吨，占全国苹果产量的21.3%；甘肃为438.36万吨，占全国苹果产量的9.5%；山西为430.21万吨，占全国苹果产量的9.4%；河南为405.12万吨，占全国苹果产量的8.8%；辽宁为260.49万吨，占全国苹果产量的5.7%；河北为249.08万吨，占全国苹果产量的5.4%；新疆为203.71万吨，占全国苹果产量的4.4%；四川为87.24万吨，占全国苹果产量的1.9%；云南为69.84万吨，占全国苹果产量的1.5%。由此可见，陕西省和山东省两省苹果产量之和占我国苹果总产量的近一半，以陕西省为代表的黄土高原优势种植区和以山东省为代表的环渤海湾优势种植区是我国苹果主要生产区域。以苹果生产经营为对象的研究选择陕西省或山东省为研究区域，其研究成果是具有代表性、科学性以及可推广性的。

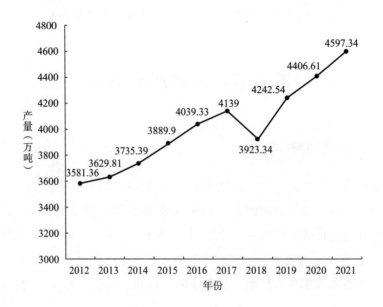

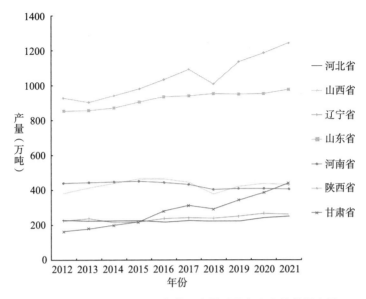

图 3.1　我国 2012—2021 年苹果产量以及主产省份苹果产量

数据来源：国家统计局。

三、苹果各产区特点以及研究区域选择原因

在我国，苹果种植分布于不同的省市区域，根据产地的生态环境，苹果产区可分为渤海湾产区（鲁、冀、辽、京、津）、黄土高原产区（陕、晋、豫西、甘、宁）、黄河故道产区（苏、豫东、皖）、西南产区（云、贵、川、藏）、新疆产区和东北产区（黑、吉、蒙）。

（一）渤海湾苹果产区

这一产区苹果种植历史最为悠久，属于大陆性季风气候，四季分明，对种植熟制苹果品种非常合适，水面运输十分方便。2021 年该产区苹果产量达到了 1500 吨左右，对全国产量的贡献率高达 33%。在这一产区中，山东苹果知名度相对较高，产量占全区的 65%，辽、冀紧随其后，京、津地区产量最低。

（二）黄土高原苹果产区

这一地区气候干燥、土壤较为疏松、阳光充沛、昼夜温差大，因此苹果糖分含量足、品质高，不管是产量还是种植面积，都超过其他产区。2021年该产区苹果产量为2380万吨，在全国占比达到了52%。其中陕西省的产量最高，在全区占比为52%；晋、甘、豫紧随其后。

（三）黄河故道苹果产区

该产区属于暖温带半湿润大陆性季风气候，海拔较低且较平坦、雨水和阳光充足，苹果物候期早、生长迅速，结果所需时间短。因此这一地区的苹果，只在产量方面具备一定的优势，其他性状都比不上附近其他区域的苹果。2021年，该产区收获苹果260万吨。

（四）西南苹果产区

这一产区的主要特点是海拔高，垂直分布显著不一致，年均气温在10~13.5℃范围内，年降水量为800~1000mL，苹果每年都较早上市。2021年苹果产量在200万吨左右，从该产区内各个省级区域的产量来看，排名依次为川、云、贵、藏。这一产区的苹果产品主要为鲜果，深受消费者的好评，年年都供不应求，经济效益非常可观。

（五）新疆苹果产区

该产区属于温带大陆性干旱气候，阳光充沛，晴天多，从这一角度来看是比较适合种植苹果的；但雨水资源较为匮乏，需及时灌溉，确保植株生长发育过程中不会缺水；空气干燥，在病虫害防控方面有着天然优势；昼夜温差明显，因此这一产区苹果糖分含量比较高。2021年，这一产区的产量达到了203.71万吨。

（六）东北苹果产区

这一产区的年均气温比较低，因此适用于该产区种植的品种并不多，2021年一共收获苹果53万吨，其中52%来自内蒙古地区。

借鉴已有文献的研究成果（王聪聪等，2022），采用超效率SBM（slacks-based measure）模型分析全国苹果主产省份的苹果绿色全要素生产率，结果显示，山东省苹果生产的技术效率为0.487，纯技术效率为0.598，环境技术效率为0.390，环境纯技术效率为0.573，在苹果主产省份中排名靠后，而陕西省的技术效率、纯技术效率、环境技术效率、环境纯技术效率依次为0.696、0.794、0.609和0.864，皆明显高于山东省。类似的研究也得出了相近的结论（燕宁等，2020；孙瑜等，2020）。可见，山东省苹果绿色生产具有较大的提升空间，绿色防控技术推广迫在眉睫，本研究将苹果种植户绿色防控技术采纳及其效应研究的区域定于山东省苹果主产区内是科学合理的。

第二节　病虫害防治发展历程和绿色防控技术

一、我国病虫害防治发展历程

2006年，农业农村部阐述了"公共植保、绿色植保"理念，此后不久，制定了"绿色防控"植保发展战略（萧玉涛等，2019），但符合绿色防控技术理念的方法在我国早已应用于实践。中华人民共和国成立至今已有70多年，在此期间我国不断地调整病虫害防治策略，从最初的农业防治，到后来的综合防治，以及目前的绿色防治。在各种新型病虫害防治技术持续涌现的过程中，我国建立了以单个作物生产过程和重大致灾害虫为对象的综合防治技术体系，有效地提高了农作物产量，保障了农产品的安全，采用对环境更友好的方式，起到了更好的病虫害防治效果。

（一）农业防治阶段

中华人民共和国刚成立时，我国的化学工业体系极其不完善。为了降低病虫害对农产品产量和质量的影响，主要采用农业防治措施，即提升农田环境质量，从根源上阻碍病虫害的形成和恶化，从而达到有害生物防治的目的（周明牂，1956a，1956b）。具体措施包括优化农田环境、科学灌溉与施肥、深耕改土、品种筛选、科学安排种植密度、经常性清理杂草等（孟祥玲，1964；吴孔明等，2000）。这里面，优化农田环境的原理是破坏害虫生存和繁衍所需的条件，科学地施肥与密植可以增强农作物的免疫力，以及其对病虫害的抵抗能力；深耕改土能够将杂草种子和植株上的虫卵埋在地下，或是将原本需要在地下环境中生存的害虫和虫蛹带到地面上来以致其死亡；种植优良品种能够在一定程度上抑制害虫的取食、繁衍等。农业防治策略最典型的案例是改良东亚飞蝗产卵繁殖的滩涂地，从根本上解决了持续几千年的蝗患问题（马世骏，1965）。

（二）化学防治阶段

20 世纪 60 年代以后，国内的农药工业体系已经基本成型，化学防治技术得到了广泛应用，并在不断的实践中持续发展。各个厂商推出了各式各样的合成农药产品，起到良好的病虫害防治效果，比如敌百虫和乐果等，能够有效地杀灭害虫，受到农户的广泛欢迎（赵善欢，1962）。化学农药的主要优势在于见效快、操作简单、对区域和季节不太敏感，经济效益高等，因此在病虫害防治领域中迅速地普及开来，为提高我国农产品产量、改善国民生活质量等方面作出了重要贡献。

（三）综合防治阶段

虽然化学防治策略有着多方面的优势，但随着人们环境保护意识的觉醒，它的缺陷也逐渐暴露出来，主要是对环境以及人体健康的破坏。1975年，我国召开了植物保护工作会议，针对病虫害防治问题，确定了"预防为主，综合防治"的整体方针。综合防治并非单纯地针对害虫，它还兼顾了寄主植物、天敌昆虫等，简单来说就是从农田生态系统出发，利用了抗性品种、栽培、生态等相关因素的作用，因此在实际操作的过程中，须结合不同的措施和技术。在充分了解农作物生命周期中各种病虫害的客观规律后，针对水稻、小麦、玉米等各种农作物建立专门的病虫害综合防治技术体系，在提升防治效果的同时，也有效地降低了病虫害防治对环境造成的影响。

（四）绿色防控阶段

在我国经济和社会不断前行的过程中，党的十六届五中全会明确要求建设"社会主义新农村"，农业应朝着高产、优质、生态、安全方向发展。因此，未来的农业必然是资源节约型和环境友好型农业。在这一过程中，因气候变化、耕作制度、贸易交流频繁等多项因素的影响，农业生产过程中出现严重病虫害事件的可能性大幅提高，且表现出日益频发的趋势，病虫害防控的形势变得更加严峻（夏敬源，2010）。在延续以往"预防为主，综合防治"思路的同时，2006年，当时的农业部阐述了"公共植保、绿色植保"的新植保要求，绿色防控策略得以确定，病虫害防控迎来了新的篇章。为此，我国建立了新型植保服务系统。以甲胺磷为代表的具有剧烈毒害性的农药被禁止使用，以物理防治和生物防治等绿色防控技术为主的防控技术体系持续发展并不断走向成熟。同时还搭建了农业病虫害数字化监测预警平台，成立了专门的防治组织，能够更加准确地预测病虫害，提醒种植户提前采取措施，避免蒙受巨大的损失。

二、绿色防控技术概述

绿色防控技术定义为符合农业防治的要求，利用各种自然因素，结合生物、物理等方面的措施，在合适的时机利用合适药剂的化学防治，从而尽量降低对环境的影响，实现经济、安全、有效地防治病虫害的效果，包含物理防治型、生物防治型和化学防治型在内的病虫害防治技术的总体。其中，具体技术包含：物理防治技术，主要包括杀虫灯诱杀、色板诱杀和防虫网控虫技术等；生物防治技术，主要包括应用以虫治虫、以螨治螨、以菌治虫、以菌治菌等生物防治措施，投放、保护天敌，采用植物源农药、农用抗生素、植物诱抗剂等生物生化制剂应用技术；生态调控技术，主要包括采用抗病虫品种技术、作物的合理搭配与混栽技术、果园生草覆盖技术、天敌诱集带防治技术、水肥改善管理技术等；科学用药技术，主要包括使用高效、低毒、低残留、环境友好型农药技术以及农药的轮换使用、交替使用、精准使用和安全使用技术等。

（一）物理防治技术

物理防治技术指的是运用不同的工具和物理因素抑制病虫害。在科技日益精进的过程中，各种物理防治技术不断涌现。防虫网是一种最常见、操作最简单的防虫手段，在防治温室害虫方面具有显著的优势，用它覆盖在通风口和门窗上，就能够将害虫阻挡在外。色板诱杀在现实中也比较普及，它的原理是基于害虫对不同颜色的强烈趋性，制作出颜色各异的粘虫板，从而有针对性地诱捕蚜虫、粉虱、叶蝉等各种害虫。除此之外，灯光诱杀也是一种常用的措施。很多昆虫都具有趋光性，因此可以利用这一点使其接触高压电网将其杀灭。相较而言，太阳能杀虫灯能够在各种场景下应用，具有诱杀、测报、调查等多种功能，因此更为常见。频振式杀虫灯则是基于光、波、色等对害虫的吸引，将其诱杀。这种装置有着独一无二的光谱，在诱杀害虫的同时，不会对其天敌造成损伤（高凤彦，2013；郭祥川，2014）。在人们健康意识不断提高的过程中，物理防治受到了更多的青睐和重视，其应用也日益广泛，在绿色防控体系中占据主导地位。

（二）生物防治技术

此类技术的本质是利用生物和它们的代谢物，对害虫进行控制，避免其对农作物和产品造成严重的影响（古德祥等，2000）。我国已应用了多种生物及其代谢物对不同作物的病虫害进行有效防治。比如，寄生蜂和捕食螨被广泛地用于害虫防治，寄生蜂适用于20多种常见害虫的防治，捕食螨是蓟马、叶螨等多种害虫的天敌。如今，我国已经拥有年产量达到8000亿只胡瓜钝绥螨的生产线。除此之外，围绕生物防治这一核心的玉米螟防控技术体系早已投入实际运营，极大地提高了玉米作物的产量和质量（王振营等，2000），为全球农业病虫害防治提供了参考和启示。

生物农药是利用生物活体或其制剂杀灭病虫害的产品，作为化学农药的替代品，其在保护环境、降低对人体健康危害性等方面具有显著的优势（朱淀等，2014），它的作用方式和普通农药是明显不同的，且采用更低的剂量能够实现更好的杀灭效果，靶标种类比较单一，能够起到定向防治的作用。近年来，生物农药逐渐受到市场的青睐，销售规模逐年扩大，到2019年3月，我国市面上销售的微生物农药，其成分总共有22种，超过95%的产品都含有苏云金杆菌（李秦，2019）。不过生物农药的弊端也很明显，将其应用于农业生产虽然能够起到保障食品安全、维护人身健康等作用，但见效比较慢，使用过程更加复杂且成本高昂（杨钰蓉等，2021）。

如何推广生物农药仍是农业管理部门面临的一道难题。

（三）生态调控技术

对于农田生态系统而言，"植物–昆虫–天敌"的联系是非常复杂的。当植物面临害虫威胁时，它本身能够释放有毒物质，使害虫远离，同时释放对害虫天敌具有吸引力的挥发性物质。附近植物也会因此提前做好防御准备（Erb et al.，2015；Schuman and Baldwin，2015）。应用化学生态调控措施时，须分析生态系统中"植物–害虫–天敌"在营养、化学信息上的联系，利用植物抗虫物质、昆虫信息素等抑制害虫的集结，起到害虫防控的效果（冯宏祖，2013；莫晓畅，2016）。根据昆虫性信息素设计的引诱剂产品，能够使害虫种群结构发生变化，有些厂家已经推出了此类产品。植物挥发性次生代谢物质在"植物–害虫–天敌"链条中起着纽带的作用，能够有效地赶走害虫并吸引害虫天敌。"推–拉"的害虫防御措施就是以此为原理的。

（四）科学用药技术

科学用药是以最低的剂量、最容易操作的方式施用农药，同时实现最好的病虫害防治效果。在具体操作的过程中，科学地计算和确定用药量，制定严格的操作规范，同时要尽量降低对有益生物的影响，避免环境受到严重污染。苹果种植中的科学用药主要包括：使用高效、低毒、低残留、环境友好型农药技术；对常年泛滥或难以根治的病虫害，每隔两到三年更换针对该种病虫害的农药种类；对同一种病虫害具有相近效果的农药每年交替使用；配用农药时严格按照说明书或农业专家的指导精准配比农药溶液；苹果挂果之后要待套袋完成之后再施用农药，采收苹果前停药半个月以上。

第三节　实地调研情况分析

通过对我国苹果产业现状以及农作物病虫害防治发展历程的系统梳理，可以看出，我国的病虫害防治正在向绿色化、科技化转型，知识密集型的绿色防控技术的推广和普及势在必行；苹果产业作为国内水果市场的重要组成部分，实现绿色生产、绿色防控更是大势所趋。山东作为苹果重要产区，相比其他优势产区具有种植历史悠久、生态环境适宜、农户种植水平较高等特点，但同时也面临着劳动力老龄化、土地破碎化、社会化服务难以推行等难题，研究如何在山东省苹果种植户中推广知识密集型的病虫害防治技术，既有利于保障苹果安全质量、提高农户家庭收入，又能为有类似困境的作物推广知识密集型技术提供借鉴，因此，针对山东省苹果种植户绿色防控技术采纳及其效应的研究具有必要性、示范性和可复制性。

本研究微观数据来源于 2022 年 1—2 月和 2022 年 6—7 月对山东省烟台市（牟平区、蓬莱区、栖霞市）和临沂市（蒙阴县、沂水县）苹果农户的问卷调查。调研方式为"一对一"访谈形式，根据第一章第四节所述的样本抽样方式和调研区域选择原则，共获得 1 省 2 市 5 县（区）20 个行政村的 409 份有效问卷。需要指出的是，由于部分苹果农户有冷藏储存行为，需要经过一年时间逐渐清空上一年秋季苹果产量库存，调研数据反映的均是样本区域苹果种植户在 2020 年苹果生产经营以及后续销售的实际情况。

一、苹果种植户基本特征分析

（一）农业生产者基本信息

农业生产决策者是农户家庭生产经营的核心，其人力资本水平对农户家庭的农业生产经营方式和绿色防控技术采纳决策产生重要影响（应瑞瑶等，2014；Sun et al.，2018；谢琳等，2020；赵培芳和王玉斌，2020），因此，本部分主要从农业生产决策者的性别、年龄、受教育程度、外出务工情况和健康状况等角度分析其基本特征。

表 3.1 汇报了样本农户家庭的农业生产决策者基本特征。可以看出，农业生产决策者以男性为主，占比达到 96.82%，女性比例仅占 3.18%；农业生产决策者年龄多位于 51—64 岁区间内（均包含），占比达到 50.86%，此外，51 岁及以上年龄的占比高达 70.66%，35 岁及以下年龄的占比仅为 1.71%；农业生产决策者的受教育程度方面，学历水平以初中及以下的为主，占比达到 83.62%；农业生产决策者的收入情况方面，有外出务工的苹果种植户占比较高，占比达到 39.12%，这一结果反映了当前我国经济作物经营者仍有较高的就业选择比例；农业生产决策者的健康状况方面，选择非常不健康和比较不健康的比例较低，仅占 4.65%，可见，随着我国生产生活水平和农村医疗卫生服务质量的稳步提升，农户的膳食营养供给充足，健康状况不断改善。须指出的是，尽管目前我国农村劳动力的健康状况较为乐观，但老龄化、兼业化、受教育水平低等问题依旧较为严重，苹果种植户的人力资本水平仍处于较低的水平。

表 3.1　农业生产决策者的基本特征

变量	类别	样本量（个）	比例（%）	变量	类别	样本量（个）	比例（%）
性别	男	396	96.82	村干部	是	26	6.36
	女	13	3.18	是否打工	是	160	39.12
年龄	≤35 岁	7	1.71	三年内参与农业培训次数	0 次	62	15.16
	36—50 岁	113	27.63		1—5 次	332	76.6
	51—64 岁	208	50.86		>5 次	15	3.67
	>64 岁	81	19.80	健康状况	非常不健康	4	0.98
受教育程度	小学及以下	58	14.18		比较不健康	3	3.67
	初中	284	69.44		一般	69	16.87
	高中（中专）	52	9.71		比较健康	235	57.46
	大学及以上	15	3.67		非常健康	86	21.03

数据来源：根据调研数据整理所得。

（二）农户家庭基本特征

家庭效用最大化是农户家庭资源配置的基本原则，作为农业生产的基础供给单位，农户家庭具备保证农业生产、保障福利水平等多重功能，可见，农户家庭的基本特征同样对其农业生产经营方式和绿色防控技术采纳决策产生重要影响（Stark et al.，1991；李成龙等，2020）。须指出的是，农户家庭特征并非单一成员的资源状况，而是所有家庭成员的禀赋特征，具体来看，本部分主要从农户家庭的劳动力资源、社会资本、农地资源和规模化意愿等方面分析其基本特征。

表 3.2 汇报了样本农户家庭的基本特征，农户家庭的劳动力资源方面，家庭人口有 1—2 个的占比为 42.30%，有 3—4 个的占比为 48.17%，大于 5 个的占比为 9.53%；务农人数有 1 个的占比为 11.74%，有 2 个的占比为 42.30%，有 3 个的占比为 33.25%，4 个以上的占比为 12.71%，可见，大部分苹果种植户家庭有 2—3 个劳动力；农户家庭的社会资本方面，包括非户主成员是否有村干部、家庭是不是合作社社员和是否使用互联网等层面。具体来看，非户主成员有村干部的农户家庭占比为 4.65%，没有村干部的农户家庭占比为 95.35%；参加合作社的农户家庭占比为 51.83%，未参加合作社的农户家庭占比为 48.17%，需说明的是，调研发现研究区域内苹果专业种植合作社较少，有挂牌的苹果种植合作社大部分是"空壳"状态，此处的参加合作社数据是不要求合作社种类的，调研区域农户参加的合作社绝大部分是村集体兴办的股份制合作社；使用互联网的家庭占比为 90.95%，需说明的是，此处的"互联网使用"具体是指农户家庭是否购买和使用家庭宽带网服务，这一数据说明互联网的便利已惠及农村地区。

表 3.2　农户家庭基本特征和经营特征

变量	类别	样本量（个）	比例（%）	变量	类别	样本量（个）	比例（%）
家庭人口	1—2	173	42.30	经营面积	≤2	31	7.58
	3—4	197	48.17		2—5	141	34.47
	5—6	38	9.29		5—10	173	42.30
	≥7	1	0.24		≥10	64	15.65
非户主村干部	有	19	4.65	土壤质量	较差	37	9.05
参加合作社	是	212	51.83		一般	257	62.84
互联网使用	是	372	90.95		较好	115	28.12
务农人数	1	48	11.74	果园地块数	1	122	29.83
	2	173	42.30		2	83	20.29
	3	136	33.25		3	56	13.69
	≥4	52	12.71		≥4	148	36.19

数据来源：根据调研数据整理所得。

二、绿色防控技术采纳及核心影响因素

计划行为理论从个体行为意向角度揭示了个体行为决策的产生机制和作用路径（王梅等，2018；张占录等，2021），苹果种植户绿色防控技术采纳行为本质上是苹果种植户根据农业生产计划进行的决策行为，苹果种植户对绿色防控技术的信息获取、风险感知等要素对其行为决策产生重要影响。因此，本部分基于实地调研数据，重点分析苹果种植户的社会网络、信息网络、风险类型等核心要素及绿色防控技术行为的现状。

（一）社会网络

绿色防控技术信息获取方面，社会网络是苹果种植户的重要信息来源之一。异质性社会网络能够为苹果种植户提供更多的新技术信息获取渠道，苹果种植户与农技员/农业专家交流程度、与农资销售商交流程度、与苹果收购商交流程度越高，获得绿色防控技术的信息越充足，越能理解

绿色防控技术采纳可能带来的经济价值，同时也会了解到技术的弊端。此外，邻里模仿是我国农村普遍存在的信息传递方式，苹果种植户与亲戚/朋友交流绿色防控技术的频率越高，信息传递越有效，越有可能提升其绿色防控技术采纳的可能性，但另一方面，由于亲戚朋友与苹果种植户的社会网络具有较高的同质性，获取新技术知识的可能性较低。由图3.2可以看出，苹果种植户与农技员/农业专家交流程度相对较低，选择比较多和非常多的农户家庭占比为51.59%，低于与亲戚/朋友和与农资销售商交流程度的76.29%、65.28%，仅略高于与苹果收购商交流程度的45.97%。而农技员和农业专家恰恰是绿色防控技术推广的重要载体，他们具有其他主体所不具备的绿色防控技术专业知识，这一数值表明，基层绿色防控技术的推广仍然具有较大的潜力。

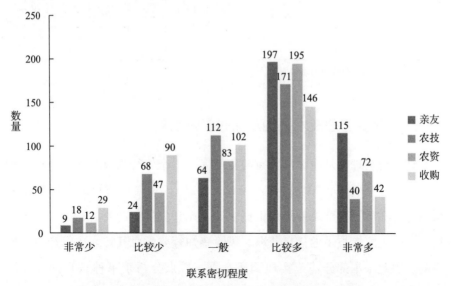

图 3.2　苹果种植户与不同社会网络主体的联系密切程度

数据来源：根据调研数据整理所得。

（二）信息网络

信息网络是苹果种植户信息获取的另一重要渠道。本研究主要从是否拥有智能手机、是否享受互联网服务和手机使用频率三个指标衡量受访苹果种植户的信息网络水平。智能手机和互联网作为现代信息传递的重要载具，其在农村地区的普及为农户获取外界信息提供了便利条件。如图3.3所示，调研区域内智能手机和互联网服务已得到普及，覆盖范围达到88%以上。需要额外说明的是，互联网服务普及率高的原因是当下闭路电视的换代和网络电视的普及，调研区域内的电信运营商将电视信号与宽带网络服务打包销售已成普遍现象，农户必须同时购买有线电视服务和互联网服务，或是在购买互联网服务的同时赠送有线电视服务，这种捆绑销售现象一定程度上促进了信息网络的普及。另外，调研数据表明，受访苹果种植户的手机使用频率（即一天中使用手机的时间）由低到高占比分别为10.76%、12.46%、17.85%、21.27%和37.65%。也说明了手机是农户生活中不可缺少的工具，在联系他人、日常娱乐和信息获取等方面都具有重要的作用。

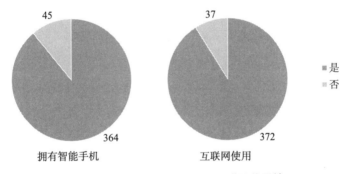

图3.3　受访种植户智能手机和互联网普及情况

数据来源：根据调研数据整理所得。

（三）风险类型

本研究仿照其他研究（高杨等，2019；仇焕广等，2020）所采用的风险类型调研方式，基于实验经济学，采用简化版的游戏模仿苹果种植户在病虫害防治决策时所面临的风险抉择情境，以期获得苹果种植户面对病虫害防治问题时真实、可靠的风险类型。

本研究采用的风险类型识别游戏具体如图3.4所示。调研员在问卷调查的过程中，与受访种植户进行了以下访谈："感谢您付出时间和精力来参加我们的调研，这与农业生产有很多类似的地方，有付出、有选择、有收获。现在请您和我们做一个游戏，这个游戏根据您的选择很大概率会有现金的奖励，而奖励的多少在于您的选择。现在有 4 个盲盒，里面都有 20 个小球，盲盒 1 里面全是白球，盲盒 2 和盲盒 3 里面有一半是白球，盲盒 4 里面只有 1 个白球；如果抽到白球您可以获得更多的奖金，如果抽到黄球您可以获得较少的奖金，选择盲盒 1 要花费 1 元，选择其他盲盒要花费 1.5 元。奖金设置比例写在盒子上，第 1 个盒子白球奖金为 6 元，第 2 个盒子白球奖金为 7.5 元、黄球为 5.5 元，第 3 个盒子白球奖金为 9.5 元、黄球为 3.5 元，第 4 个盒子白球奖金为 20 元、黄球为 1.5 元。您考虑一下，咱们就开始做游戏。"待受访农户做完第一个游戏后将现金奖励发放到农户手中，然后进行附加游戏："现在奖金已经发放到您的手中，我们还有一个附加游戏②，您可以选择参加或不参加。现在有一个可选盲盒，里面有 20 个小球，一半是白球，一半是黄球，如果您抽中白球可以额外获得 2 元现金奖励，如果您抽中黄球则损失 2 元，从您已获得的奖金中扣除，您参加吗？"已获得奖金不足 2 元则扣除全部奖金，不额外索要金钱，但事先不作说明。

　　根据前景理论的定义以及受访农户的选择，对受访农户进行以下风险类型分类：游戏①中，选择盲盒 1 的受访农户归为风险规避型，其他为非风险规避型；选择盲盒 4 的受访农户归为小概率事件信任型，其他归为非小概率事件信任型；选择不参加附加游戏②的受访农户归为损失厌恶型，其他归为非损失厌恶型；另外，如果受访农户选择盲盒 1，调研员会略微鼓励一下农户选择盲盒 2（盲盒 2 收益也差不多，您会选择盲盒 2 吗？），目的是将风险中性型的农户从选择盲盒 1 的风险规避型农户中筛除。调研结果显示，受访种植户中有 189 人为风险规避型，占比为 46.21%；有 106 人为小概率事件信任型，占比为 25.92%；有 251 人为损失厌恶型，占比为 61.37%。

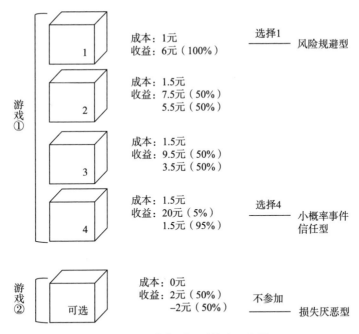

图3.4　风险类型识别游戏示意图

（四）绿色防控技术采纳情况

图3.5汇报了受访种植户总体样本的绿色防控技术采纳情况。总体来看，共223位苹果种植户在苹果种植过程中采纳了绿色防控技术，约占总样本的54.52%，其他186位农户未采纳绿色防控技术，约占45.48%。其中，采纳1项绿色防控技术的苹果种植户有36位，占比为8.8%；采纳2项绿色防控技术的苹果种植户有113位，占比为27.63%；采纳3项绿色防控技术的苹果种植户有56位，占比为13.69%；采纳4项绿色防控技术的苹果种植户有18位，占比为4.40%。

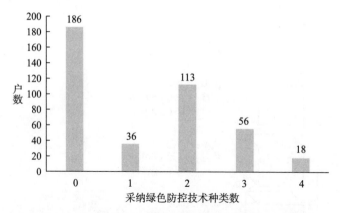

图 3.5　受访种植户总体样本的绿色防控技术采纳情况

数据来源：根据调研数据整理所得。

　　由图 3.6 可知，整体来看，各项绿色防控技术的采纳比例均处于中下水平，采纳广度呈阶梯状分布，且差异性强，除了科学用药技术和生物防治技术，其他 2 项绿色防控技术的采纳比例均低于 20%。具体来说，科学用药技术有 203 户采纳，采纳比例相对较高，占比为 49.63%，但也未过半；生物防治技术有 184 户采纳，采纳比例略低于科学用药技术，占比为 44.99%；生态防治技术有 70 户采纳，采纳比例仅为 17.11%；物理防治技术采纳户数最少，仅有 45 户采纳，采纳比例为 11.00%。各项绿色防控技术皆有较大的推广空间和应用潜力。

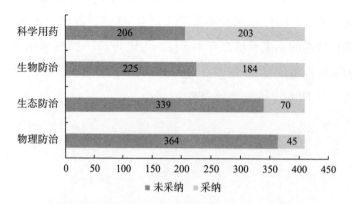

图 3.6　受访种植户绿色防控技术采纳种类情况

数据来源：根据调研数据整理所得。

三、苹果种植户家庭收入分析

表 3.3 汇报了苹果种植户家庭收入情况。根据调研数据可知，受访者家庭收入均值为 98665.76 元，最大值为 869000 元；受访者家庭苹果净收入均值为 62275.92 元，最大值为 851500 元。此外，采纳绿色防控技术的苹果种植户的家庭收入均高于全部样本，而未采纳绿色防控技术的苹果种植户的家庭收入均低于全部样本，可以初步判断绿色防控技术采纳有助于提升苹果种植户的家庭收入，但还不能说明收入差距是由绿色防控技术采纳导致的，要论证绿色防控技术采纳对农户家庭收入的影响，还需进行实证分析。

表 3.3　苹果种植户家庭收入情况

变量	类别	数量（户）	占比（%）	变量	类别	数量（户）	占比（%）
家庭收入	[0，10000)	3	0.73	苹果净收入	[0，10000)	18	4.40
	[10000，50000)	83	20.54		[10000，50000)	192	46.94
	[50000，100000)	178	43.76		[50000，100000)	145	35.46
	[100000，200000)	124	30.57		[100000，200000)	44	10.76
	≥200000	21	5.13		≥200000	10	2.44

数据来源：根据调研数据整理所得。

四、果园农药投放量分析

如前所述，农业生产实践中，大部分苹果种植户并不在意农药折纯量，却对农药投入成本和施药的劳动过程比较了解。此外，不同类型农药施用次数与施用剂量存在明显差异，仅采用农药施用次数代表农药施用行为的说服力不足，而苹果种植户对农药配药过程和施药过程印象深刻。因此，本研究选取农药总投入、化学农药总投入和化学农药施放浓度三个指标代表苹果种植户的果园农药投放量，并分别选取苹果生产过程中的亩均农药支出费用、亩均化学农药支出费用、亩均化学农药投入成本/农药配比溶液体积来表示。本部分基于实地调研数据，如表 3.4 所示，汇报了果园农药投放量的分布情况。

表 3.4　果园农药投放量的分布情况

变量	类别	数量（个）	占比（%）	变量	类别	数量（个）	占比（%）
农药总投入	[0, 500)	11	2.69	化学农药总投入	[0, 500)	27	6.60
	[500, 1000)	166	40.59		[500, 1000)	194	47.43
	[1000, 1500)	161	39.36		[1000, 1500)	125	30.57
	[1500, 2040]	71	17.36		[1500, 2000]	63	15.40
化学农药施放浓度	[0, 1)	92	22.49				
	[1, 2)	134	32.77				
	[2, 3)	118	28.85				
	≥3	65	15.89				

数据来源：根据调研数据整理所得。

第四章 绿色防控技术采纳对农户家庭收入的影响

病虫害防治是苹果种植过程中的关键环节，提升苹果病虫害防治水平、采纳绿色防控技术对提高苹果品质和产量、保障产品安全、保护生态环境以及增加农户家庭收入具有重要意义。上一章介绍了我国苹果产业发展概况、病虫害防控及绿色防治技术采纳的发展历程以及实地调研数据情况，第四章和第五章将检验绿色防控技术是否具有经济效应，研究农户的绿色防控技术采纳行为是否具有增收效应和降本增效作用。具体来看，本章从苹果种植户的家庭收入出发，在构建相关理论分析框架基础上，重点分析绿色防控技术采纳对农户苹果收入和家庭收入的影响，以及该效应对不同收入水平农户的异质性，进而从农户家庭收入的角度探究绿色防控技术采纳的经济效应，明确采纳绿色防控技术对农户是否具有增加收入的驱动力。

第一节 引言

近年来，城镇经济加速向前发展，在农村地区产生了较多的工作岗位和机会，很多农村人口在从事农业生产的同时，会利用闲暇"打零工"。再加上老年人口占比持续提高，使得农业技术在配置农户资源方面的作用日益凸显出来（王玉斌等，2022）。同时，由于经济作物生产具有较强的时间约束性，农户更倾向于通过精耕细作提高生产收入，农业技术水平的提高成为实现农户技术效率提升和农户家庭收入提高的重要方式，已有研究证实了绿色生产技术采纳的增收效应（赵连阁等，2013；李丹等，2012；杨程方等，2020）。此外，2019年中央一号文件也提出要重视农业生产向绿色农业转型。那么，作为绿色生产技术的一个重要组成部分，绿色防控技术采纳和种植户家庭收入水平之间存在怎样的关系？不同收入水平种植户的这一关系是否有所不同？探究绿色防控技术采纳是否具有增收效应及该效应是否具有异质性，有助于为研究农户技术采纳决策机制、制定农户增收相关政策提供实证依据。

通过对绿色防控技术采纳增收效应相关研究的梳理，可以看出，已有理论研究及实证研究为本研究提供了丰富的经验借鉴，但仍存在有待完善之处。首先，从关注焦点看，缺乏绿色防控技术采纳增收效应的针对性研究。现有文献大多对绿色生产技术对农业生产的增产效应和对农作物收入的增收效应进行了研究，并未考虑绿色防控技术采纳对农户家庭收入的影响效应。其次，在研究方法上，采用回归分析方法时，忽视了内生性问题。尽管有些学者考虑了这一点，但只是局限地分析部分因素的选择性偏误问题，或是只估测ATT值从而对效应实施评估，并未直接对新技术的增收效应进行评估。最后，在研究思路上，农户自身收入水平差异和绿色防控技术采纳的增收效应之间的关系并未受到应有的重视。因此，笔者采集2022年山东省烟台市、临沂市两市苹果种植户的数据，结合内生处理效应回归模型（ETR）、工具变量分位数回归模型（IVQR）等实证模型完成回归分析，检验绿色防控技术采纳的增收效应及其异质性，希望能够为相关政府部门更好地制定相关政策提供有效依据。

第二节　绿色防控技术的增收机制

一、绿色防控技术采纳对农户家庭收入的影响

根据理性经济人假定，农户行为是在既定约束下实现最大化效用的结果。因此，本研究借鉴Abdulai（2001）的农户行为理论分析框架，在将

家庭收入划分为种植业收入和非农收入的基本假定下，构建绿色防控技术采纳影响苹果种植户家庭收入的理论分析框架。基于该基本假定，本研究假设苹果种植户家庭可配置于种植业生产的劳动力为 l_1，对应种植业收入为 Y_1，并假设农户家庭可配置于非农就业的总劳动力为 l_2，对应非农收入为 Y_2。须指出的是，绿色防控技术采纳理论上并不存在解放劳动力以实现劳动力转移就业的作用，因此，基于前一章研究绿色技术采纳对种植户苹果种植农业技术效率影响的基础上，本研究重点分析绿色防控技术采纳对苹果种植户家庭收入和种植业收入的影响。可得，苹果种植户收入构成为：

$$Y = Y_1 + Y_2 \tag{4-1}$$

$$Y_1 = P(A,\ l_1,\ k,\ \varsigma) \cdot Q(A,\ l_1,\ k,\ \varsigma) - C(A,\ l_1,\ k,\ \varsigma)$$

$$Y_2 = wl_2 \tag{4-2}$$

式（4-1）和式（4-2）中，$P(\cdot)$ 为农产品销售价格函数，$Q(\cdot)$ 和 $C(\cdot)$ 分别为农产品单位面积产量函数和生产成本函数，A 为技术水平，k 为物质资本投入，ς 为家庭特征信息，w 为非农收入工资水平。将式（4-2）代入式（4-1），并将绿色防控技术采纳引入该收入函数，可得，关于绿色防控技术采纳的苹果种植户收入函数为：

$$Y = P(A,\ l_1,\ gct,\ k_u,\ \varsigma) \cdot Q(A,\ l_1,\ gct,\ k_u,\ \varsigma) - C(A,\ l_1,\ k,\ \varsigma) + wl_2 \tag{4-3}$$

式（4-3）中，gct 为绿色防控技术采纳，k_u 为除绿色防控技术采纳费用以外的其他资本投入，对式（4-3）中 gct 求偏导，可得，绿色防控技术采纳影响农户家庭收入的表达式：

$$\partial Y / \partial gct = \partial P / \partial gct \cdot \partial Q / \partial gct - \partial C / \partial gct$$

$$+ w \partial l_2 / \partial gct \tag{4-4}$$

式（4-4）中，等号右边前半部分 $\partial P / \partial gct \cdot \partial Q / \partial gct - \partial C / \partial gct$ 为绿色防控技术采纳对苹果种植户种植业净收入的影响，后半部分 $w \partial l_2 / \partial gct$ 为绿色防控技术采纳对苹果种植户非农收入的影响，由于生物农药等生物防控手段可以与其他农药一同施药，物理捕杀、防虫网粘虫板铺设等物理防控手段可以与果园日常管理并行，绿色防控技术并不需要额外投入大量的劳动力，因此理论上的绿色防控技术采纳对非农业收入并无影响，故在本研究中不对其进行深入研究。

与大田作物不同，苹果作为一种经济作物，苹果果园特殊的属性具有绑定和束缚农户就业种类选择和经营作物选择的特点。一方面，研究区域内的农业用地多位于山地或丘陵地区，生态条件适宜灌木作物生长，不适宜大田作物规模化经营，更不适合社会化服务的推广，苹果是农户可以选择的最佳农作物经营种类。另一方面，苹果果园初期建设投入较大，资金回收周期长，新建苹果果园一旦开始结果则收入会由低到高逐年递增，老树病树更替、优质砧木替换也会持续投入固定成本，农户如若弃置果园选择外出就业或改种其他作物都将面临巨大的沉没成本，苹果种植户更关心如何精耕细作，提高苹果收入，从而提高家庭收入。因此，本研究主要关注采纳绿色防控技术对苹果种植户家庭收入和苹果净收入的影响，提出假设 H1 和 H2。

H1：绿色防控技术采纳能够正向影响苹果种植户的苹果净收入。

H2：绿色防控技术采纳能够正向影响苹果种植户的家庭收入。

二、绿色防控技术采纳对苹果种植户家庭收入影响的异质性分析

从异质性农户家庭的角度来看，基于全要素框架，采纳和应用绿色防控技术时收入水平不一致，那么最终呈现出的增收效应也是不同的。单从理论层面进行分析，因高收入水平农户的经济实力更强、技术水平更高，绿色防控技术采纳所产生的增收效应或许弱于低收入农户。高收入农户对于各项要素能够更高效地配置，或是非苹果收入在家庭收入中的占比较高，或是苹果经营规模较大、经营水平向来很高，绿色防控技术采纳所创造的增收效应和总收入之间的关联比较弱。而低收入农户要素配置往往存在更多的问题，经营水平和经营规模都存在短板，绿色防控技术的采纳更能提高病虫害防治效果以及生产苹果的数量和品质，进而提高苹果收入，从技术采纳中获益。因此，本研究提出研究假设 H3。

H3：绿色防控技术采纳对低收入水平的苹果种植户增收效应更强。

第三节 模型构建与变量选择

一、模型构建

（一）绿色防控技术采纳增收效应分析的模型构建

实现"效应"的量化，可以采用的方法有很多。笼统来看，这些方法可以分为两种，即参数法和非参数法。非参数法中应用最广泛的是倾向得分匹配法（PSM），但其用途局限于可观测因素导致的选择性偏误问题。参数法中应用最广泛的是内生转换回归模型（ESR），它能够适用于解决绝大多数情况下的选择性偏误问题，包含可观测因素和不可观测因素。不过，这两种方法都属于间接评估方法，只能够通过 ATT 值对效应予以评估（Heckman et al.，1998），而并非直接评估方法。为此，本研究采用了参数法中较前沿的内生处理效应回归模型（Endogenous Treatment Effects Regression，ETR）估计绿色防控技术采纳和农户收入之间的关系，这一模型延续 ESR 模型的优点，同时又具有独特的优势，其中最重要的一点是其对效应进行直接的评估（Hubler et al.，2016；Ma et al.，2020；Li et al.，2020；Abdul et al.，2021）。

ETR 模型回归过程包括两个环节，其一为选择方程回归，旨在反映出受访者个人、家庭生产经营等各个变量和绿色防控技术采纳决策之间的关系。其二为结果方程回归，也就是苹果种植户收入决定的结果方程，在控制内生性的前提下，估计苹果种植户采纳绿色防控技术对其收入的直接影响效应。

具体来说，第一阶段和第二阶段分别为：

$$O_i^* = \delta_i X_i + \partial_i I_i + \varepsilon_i, \quad O_i = \begin{cases} 1, & \text{如果 } O_i^* > 0 \\ 0, & \text{如果 } O_i^* < 0 \end{cases} \quad (4-5)$$

$$Y_i = \alpha_i O_i + \beta_i X_i + \mu_i \quad (4-6)$$

式（4-5）为选择方程，其中，O_i 为苹果种植户的绿色防控技术采纳决策，是一个二元选择变量，由随机效用模型 O_i^* 决定，O_i^* 为采纳绿色防控技术获得效用（U_{iU}）与未采纳绿色防控技术获得效用（U_{iN}）的差值，若 $O_i^* = U_{iU} - U_{iN} > 0$，则 $O_i = 1$，表示苹果种植户采纳绿色防控技术；若 $O_i^* = U_{iU} - U_{iN} \leq 0$，则 $O_i = 0$，表示苹果种植户未采纳绿色防控技术。式（4-6）为结果方程，其中，Y_i 表示种植户家庭收入情况；X_i 表示绿色防控技术采纳决策和家庭收入的影响因素；δ_i、∂_i、α_i 和 β_i 均为待估参数，这里面，α_i 为绿色防控技术采纳对农户收入的直接影响效应，ε_i 和 μ_i 为随机误差项；I_i 为工具变量。

需要指出的是，ETR 模型通过完全信息极大似然估计法联合估计出误差项 ε_i 和 μ_i 的相关系数 $\rho_{\varepsilon\mu}$，将第一阶段的选择性偏误项引入第二阶段中，解决由可观测因素和不可观测因素共同导致的选择性偏误问题，缓解由此导致的内生性问题。另外，ETR 模型也可以汇报 Wald 独立性检验值结果，用以测度选择方程和结果方程之间的相关性。

（二）绿色防控技术采纳增收效应异质性分析的模型构建

ETR 模型估计了绿色防控技术采纳的增收效应，但忽视了各种收入水平苹果种植户增收效应差异，分位数回归模型（Quantile Regression，QR）能够用于回归分析，但无法有效地解决内生性问题。所以，笔者在本课题中采用工具变量分位数回归模型（Instrument Variable Quantile Regression，IVQR）进一步估计绿色防控技术采纳增收效应的异质性（Chernozhukov et al.，2008；Sanglestsawai et al.，2014；Lu et al.，2021）。

IVQR 模型目标函数的构建原理分为两步。

第一，构建结构方程：

$$\begin{cases} Y_i = E^{i\prime} \eta_i(U_i) + X^{i\prime} + \nu_i(U_i) \\ E_i = \rho(X_i, V_i, I_i) \\ \ddot{\tau} \rightarrow E_i' \eta_i(\tau) + X^{i\prime} \nu_i(\tau) \end{cases} \tag{4-7}$$

式（4-7）中，Y_i 表示苹果种植户家庭收入变量，X_i 表示家庭收入的影响因素，U_i 为和家庭收入相关的不可观察因素，V_i 代表其他被忽视且和 U_i

无关的因素，I_i 为工具变量，E_i 为由 X_i、V_i、I_i 共同决定的内生变量。ρ（·）为某一函数形式，$\ddot{\tau}$ 为关于分位数点 τ 的严格递增函数。

第二，建立方程 $S_{Y_i}(\tau \mid E_i X_i) = e'_i \eta_i(\eta_i) + x'_i \nu_i(\tau)$，根据结构方程式（4-7）能够确定，$[Y_i < S_{Y_i}(\tau \mid E_i X_i)]$ 等价于 $[U_i < \tau]$，也就是

$$P[Y_i \leqslant S_{Y_i}(\tau \mid E_i X_i) \mid I_i, X_i] = \tau \qquad (4-8)$$

上式等价于

$$Q_{Y_i - S_{Y_i}(\tau \mid E_i X_i)}(\tau \mid I_i, X_i) = 0 \qquad (4-9)$$

借鉴 Koenker et al.（1978）的方法，分位数回归的目标函数为

$$Q_{Y_i}(\tau \mid W_i) = argmin_{\theta(\tau)} E\{\varphi_\tau [Y_i - f(W_i)]\} \qquad (4-10)$$

式中，f（·）为参数函数，W_i 为苹果种植户家庭收入相关的全部因素，$\theta(\tau)$ 为 τ 分位点数对应的待估参数组合。联立式（4-10）和（4-9），由此确定 IVQR 的目标函数为

$$argmin_{\theta(\tau)} E\{\varphi_\tau [Y_i - S_{Y_i}(\tau \mid E_i X_i) - f(I_i, X_i)]\} = 0 \qquad (4-11)$$

二、数据来源

本研究数据来源于 2022 年 1—2 月和 2022 年 6—7 月对山东省烟台市和临沂市等 2 市 5 县（区）20 个行政村的问卷调查。调研方式为"一对一"访谈形式，调研设计及基本的样本分布等情况详见第三章第三节，此处不再赘述。

三、变量选择

（一）结果变量为种植户的家庭收入

家庭总收入是工资性收入、苹果收入、非苹果的种植业收入、畜牧渔业收入、家庭自营产业收入和其他收入等收入之和取对数计算所得。需说明的是，2020 年个别受访种植户存在苹果种植净收入为负的情况，本研究考虑该事实符合正常逻辑和一般规律所以对其进行保留，但其苹果净收入的对数值采用零值处理。

（二）处理变量为绿色防控技术采纳决策

该变量是一个二元选择变量，借鉴已有研究成果（Sun et al.，2018；杨志海，2019；Baiyegunhi et al.，2019），本研究将其界定为：2020 年，若受访种植户在苹果种植过程中采纳绿色防控技术，赋值为 1，归为处理组；若未采纳，赋值为 0，归为对照组。

（三）控制变量

借鉴申红芳等（2015）、Sun et al.（2018）、Tang et al.（2018）、邱海兰等（2019）、杨志海（2019）、Ma et al.（2020）、刘起林（2020）以及李忠旭（2021）的文献，笔者确定采用如下几个控制变量。一是受访农户个人特征变量，比如性别、年龄、文化程度、健康水平、村干部身份、党员身份 6 个变量。二是受访农户家庭生产经营特征变量，包括务农人口占比、家庭人口数量、经营面积、亲邻关系、果园周围道路情况等 5 个变量。三是村庄特征变量，包括是否有农业补贴、村庄和县城距离。需要指出的是，为排除各个地区间区域特色、经济水平等的干扰，模型还采用了一组地区虚拟变量。

（四）工具变量

本研究选取的工具变量有两个。一是苹果种植户绿色技术减产担忧，该变量指"您认为绿色生产技术会造成苹果的减产吗"，该变量会显著影响受访苹果种植户绿色防控技术采纳决策，对其家庭收入而言则为外生变量，故选取此变量为工具变量。二是最近的绿色技术推广地点，该变量指"您家与最近的绿色技术推广地点距离有多远"，本研究在稳健性检验部分采用该变量作为替代的工具变量。该变量会显著影响受访种植户绿色防控技术采纳决策，但从家庭收入的角度来看是外生变量，作为工具变量是比较理想的。

四、描述性统计分析

（一）变量含义及描述性统计

此次研究涉及的变量及其含义如表 4.1 所示。通过对表中的内容进行

分析可知，应用绿色防控技术的有 223 人，在被调查对象中的占比为
54.52%，剩下的 186 位受访者未采纳，约占 45.48%；受访者家庭收入均
值为 98665.76 元，最小值为 2070 元，最大值为 869000 元；受访者家庭苹
果净收入均值为 62275.92 元，最小值为 −30558 元，最大值为 851500 元；
受访者实际年龄的均值为 55.23 岁，最小值为 18 岁，最大值为 90 岁；受
教育年限的均值为 8.11 年，最大值为 19 年；户主具有村干部身份的有 26
户，占 6.36%，具有党员身份的有 93 户，占 22.74%；家庭人数的均值为
3.005 人，最小值为 1 人，最大值为 7 人，务农人口均值占比为 86%；苹
果经营面积的均值为 6.29 亩，最小值为 1 亩，最大值为 80 亩；果园周围
有机动车道路的户数为 387 户，占比为 94.62%；所在的村子发放各类农业
补贴的有 272 户，占比为 66.50%；居住地点距离城镇距离的均值为 4.24
公里，最大值为 14 公里；受访种植户对绿色生产技术会造成减产的看法均
值为 3.33，非常不认同的受访者有 31 人，占比为 7.58%，比较不认同的
受访者有 101 人，占比为 24.69%，一般的受访者有 75 人，占比为
18.34%，比较认同的受访者有 106 人，占比为 25.92%，非常认同的受访
者有 96 人，占比为 23.47%；居住地点距离绿色生产技术推广地点距离的
均值为 6.07 千米，最大值为 25 千米。

表 4.1　变量定义及描述性统计

变量名称	变量定义	均值	标准差	最小值	最大值
结果变量					
家庭收入	2020 年，家庭总收入（万元）	9.862	0.695	1.207	86.891
苹果净收入	2020 年，苹果净收入（万元）	6.255	1.566	1.000	64.238
处理变量					
绿色防控技术采纳决策	苹果种植过程中，是否采纳至少一种绿色防控技术：是=1；否=0	0.545	具体分布参见第三章第三节		
控制变量					
性别	户主性别：1=男；0=女	0.968	0.176	0.000	1.000
年龄	实际年龄（周岁）	55.232	9.854	18.000	90.000
受教育程度	受教育年限（年）	8.112	2.794	0.000	19.000

变量名称	变量定义	均值	标准差	最小值	最大值
健康状况	与同村其他种植户相比，您的健康状况如何：1=很不好；2=比较差；3=一般；4=比较好；5=非常好	3.936	0.793	0.000	5.000
村干部身份	户主的村干部身份情况：是=1；否=0	0.064	0.244	0.000	1.000
党员身份	户主的党员身份情况：是=1；否=0	0.227	0.420	0.000	1.000
务农人口占比	家庭人口中务农人口比例	0.858	0.202	0.143	1.000
家庭人口数量	共同居住的家庭人口数量	3.005	1.103	1.000	7.000
经营面积	苹果经营面积（亩，取对数）	1.570	0.704	0.000	4.382
亲邻关系	与亲戚、朋友、邻居的交流密切程度：1=很少；2=比较少；3=一般；4=比较多；5=很多	3.941	0.932	1.000	5.000
果园道路情况	果园附近是否有可以开机动车的道路：是=1；否=0	0.946	0.226	0.000	1.000
农业补贴	所在的村子是否发放各类农业补贴：是=1；否=0	0.665	0.473	0.000	1.000
城镇距离	居住地点距离城镇/乡镇的距离（千米）	4.241	3.133	0.010	14.000
地区虚拟变量	烟台=1；临沂=0	0.389	0.488	0.000	1.000
工具变量					
绿色技术减产担忧程度	对采纳绿色生产技术会造成减产的看法：1=非常不认同；2=比较不认同；3=一般；4=比较认同；5=非常认同	3.330	1.282	1.000	5.000
绿色技术推广地点距离	居住地点距离绿色生产技术推广地点的距离（千米）	6.067	4.840	0.100	25.000

数据来源：根据调研数据整理所得。

（二）均值差异性分析

表4.2汇报了所选变量在采纳绿色防控技术苹果种植户和未采纳绿色防控技术苹果种植户之间的差异，其中，第2列和第3列为所选变量在采纳绿色防控技术苹果种植户和未采纳绿色防控技术苹果种植户两组农户中的均值，第4列描述的是均值差异。对表中的内容进行分析可知，两组样本农户的差异具有统计学意义。比如，采纳绿色防控技术苹果种植户比未

采纳绿色防控技术苹果种植户的家庭收入和苹果净收入高。另外，采纳绿色防控技术苹果种植户比未采纳绿色防控技术苹果种植户稍微年长，且受教育程度较高。除此之外，与采纳绿色防控技术苹果种植户相比，未采纳绿色防控技术苹果种植户的家庭人口更少。值得一提的是，采纳绿色防控技术苹果种植户的绿色技术减产担忧比未采纳绿色防控技术苹果种植户的小很多，而且采纳绿色防控技术的苹果种植户居住地距离绿色技术推广地点也比未采纳绿色防控技术的苹果种植户近很多，证明解释变量与两个工具变量都是密切相关的，但工具变量的有效性还需进一步检验。整体而言，两组样本是有显著差异的，但这里不足以证明差异是因采纳绿色防控技术导致，要论证采纳绿色防控技术对苹果种植户家庭收入的影响，还须进行实证分析。

表 4.2　绿色防控技术采纳对农户家庭收入影响的差异性分析

变量名称	绿色防控技术采纳	绿色防控技术未采纳	均值差异
家庭收入	11.393	11.106	0.288***
苹果净收入	10.996	9.562	1.434***
性别	0.991	0.941	0.050***
年龄	58.475	51.344	7.131***
受教育程度	8.65	7.468	1.182***
健康状况	3.888	3.995	-0.107
村干部身份	0.058	0.07	-0.012
党员身份	0.188	0.274	-0.086**
务农人口占比	0.825	0.898	-0.073***
家庭人口数量	2.749	3.312	-0.563***
经营面积	1.518	1.632	-0.114
亲邻关系	3.897	3.995	-0.098
果园道路情况	0.942	0.952	-0.01
农业补贴	0.574	0.774	-0.200***
城镇距离	3.35	5.31	-1.961***

变量名称	绿色防控技术采纳	绿色防控技术未采纳	均值差异
地区虚拟变量	0.695	0.322	0.374***
绿色技术减产担忧程度	2.848	3.909	-1.061***
绿色技术推广地点距离	4.856	7.52	-2.663***

注:*、**、***分别表示在10%、5%、1%的显著水平。

第四节　绿色防控技术采纳增收效应及其异质性的实证结果

一、绿色防控技术采纳对苹果种植户苹果净收入的影响

选择方程和结果方程随机误差项 ε_i 和 μ_i 的相关系数 $\rho_{\varepsilon\mu}$ 和 Wald 独立性检验的估计结果详见表4.3。对表中的数据进行分析能够确定,$\rho_{\varepsilon\mu}$ 为满足 1%统计显著性的 1.755,表明存在不可观察因素,同时为绿色防控技术采纳决策以及苹果净收入的促进性因素,也就是说结果方程伴随着选择性偏误问题。若不能进行有效的控制,就会导致增收效应高估的结果。Wald 独立性检验值为满足 1%统计显著性的 217.99,推翻了选择方程和结果方程互不影响的假设,所以有必要将二者联立起来估计,显然这种情况适用于 ETR 模型。工具变量检验方面,绿色防控技术采纳决策与苹果种植户绿色生产技术减产担忧之间的皮尔逊相关系数为满足 5%统计显著性的-0.413,证明了绿色防控技术采纳决策与苹果种植户绿色生产技术减产担忧存在关联。为反映工具变量的有效性,在这里对工具变量实施弱工具变量检验,F 统计量为 83.54(大幅超过 10),意味着没有弱工具变量问题。其次,表4.3 的第 2 列中苹果种植户对绿色生产技术的减产担忧程度估计值为满足 1%统计显著性的-0.163,足以说明减产担忧是受访者绿色防控技术采纳决策的促进性因素,所以工具变量的设定完全合理。

（一）选择方程的 ETR 模型估计结果

表 4.3 的第 2 列汇报了 ETR 模型选择方程的估计结果。可知，受教育程度对绿色防控技术采纳决策产生显著的正向影响。较高受教育程度的苹果种植户更有学习能力和操作能力运用绿色防控技术，也更能理解绿色防控技术对苹果种植的经济效益和生态效益，因此采纳程度更高。经营规模对绿色防控技术采纳决策产生显著的正向影响。经营规模越大，越有必要采纳绿色防控技术从而降低病虫害发生和传播的可能，因此，苹果种植规模大的农户更需要借助绿色防控技术保障苹果产品的质量安全、规避病虫害风险。道路情况和农业补贴对绿色防控技术采纳决策产生显著的正向影响。相对于道路情况不佳的果园，苹果种植户更有可能对道路情况较好的果园进行精耕细作，也更容易使用、铺设、维护绿色防控技术相应的产品和设施。农业补贴作为外部激励，可以弥补绿色防控技术所需的较高资本投入。因此，二者能促进绿色防控技术的采纳。

（二）结果方程的 ETR 模型估计结果

表 4.3 的第 3 列和第 4 列分别汇报了 ETR 模型结果方程的估计结果和苹果净收入影响因素的稳健标准误下 OLS 模型估计结果。由第 3 列可知，绿色防控技术采纳决策的估计系数为满足 1% 统计显著性的 0.242，低于第 4 列的 0.942，可见，如果不采纳 ETR 模型而使用 OLS 估计，得到的结果是被高估的，而且回归结果表明绿色防控技术采纳有助于提高农户苹果净收入，假设 H1 是成立的。另外，整体而言，不管是从显著性还是作用方向来看，ETR 模型与 OLS 的估计结果都是非常相似的，因此后续重点对 ETR 模型的估计结果进行分析。

从控制变量的角度来看，家庭基本特征中，受访者性别和党员身份对苹果净收入产生显著的正向影响。受访者性别估计系数为满足 1% 统计显著性的 0.933，表明男性户主对苹果净收入提升产生了显著的正向影响。可能的原因在于，大部分女性户主的家庭缺少男性壮年劳动力，劳动力资源存在明显短板，极大限制了苹果的生产。党员身份意味着户主的思想更开明，同时民主生活会和定期的党员大会为户主提供了更好的社会资源和信息网络，可以找到更低廉的农资购买渠道和更高价的苹果销售渠道，因此相对于非党员户主的苹果净收入更高。

家庭生产经营特征中，家庭人口数量和务农人口占比对苹果净收入产生显著的负向影响。可能的原因在于，一方面，苹果的日常种植经营并不需要大量的劳动力，只有套袋和采摘时才会面临巨大的劳动力缺口，而且即使家庭人口数量再多、务农人口比例再高，该劳动力缺口也相对不足，通常情况下只能通过邻里互助和雇用劳动力来弥补。另一方面，家庭人口数量多意味着老人和小孩较多，即使老人和小孩在苹果种植中有帮工行为也意义不大，反而可能因身体不便或经验不足而对苹果种植产生适得其反的作用。另外，务农人口较低的家庭可能存在外出务工的情况，而外出务工行为能通过丰富眼界、提高资本存量、提升社会网络广度和强度等途径提升苹果种植户的经营水平，进而提高苹果净收入。因此，家庭人口数量和务农人口占比反而负向影响了家庭苹果净收入。经营面积和道路情况对种植户的苹果净收入产生了显著的正向影响。这很好理解，经营面积大的果园更具有规模效益，道路情况较好的果园更方便于农资与设备的进出和苹果产品的运输，因此经营面积和道路情况可以正向影响种植户的苹果净收入。

表 4.3　绿色防控技术对农户苹果净收入影响的 ETR 模型联合估计结果

变量	ETR 方法		稳健标准误 OLS 方法
	绿色防控技术采纳	苹果净收入	苹果净收入
绿色防控技术采纳		0.242*	0.942***
		(0.124)	(0.166)
性别	0.722*	0.933***	0.619*
	(0.369)	(0.361)	(0.328)
年龄	0.019**	0.012	0.008
	(0.009)	(0.008)	(0.007)
受教育程度	0.060**	-0.000	-0.056**
	(0.028)	(0.024)	(0.022)
健康状况	-0.272***	-0.110	-0.042
	(0.100)	(0.082)	(0.075)
村干部身份	-0.312	-0.202	-0.064
	(0.333)	(0.283)	(0.256)

续表

变量	ETR 方法		稳健标准误 OLS 方法
	绿色防控技术采纳	苹果净收入	苹果净收入
党员身份	0.009	0.277*	0.356**
	(0.178)	(0.165)	(0.150)
务农人口占比	0.657	-0.953**	-1.059***
	(0.579)	(0.433)	(0.393)
家庭人口数量	0.000	-0.147*	-0.137*
	(0.090)	(0.082)	(0.074)
经营面积	0.254**	1.046***	1.051***
	(0.111)	(0.094)	(0.086)
亲邻关系	0.004	0.039	0.011
	(0.085)	(0.069)	(0.062)
道路情况	0.945***	1.616***	1.556***
	(0.320)	(0.283)	(0.256)
农业补贴	0.455***	0.204	0.082
	(0.164)	(0.140)	(0.129)
城镇距离	-0.117	-0.060	-0.013
	(0.120)	(0.069)	(0.062)
地区虚拟变量	已控制	已控制	已控制
绿色技术减产担忧	-0.163***		
	(0.047)		
常数项	-2.548**	8.022***	8.200***
	(1.148)	(0.975)	(0.884)
检验及其他信息			
$\rho_{e\mu}$	1.755**		
	(0.128)		
Lnsigma	-0.216***		
	(0.038)		
拟合优度检验	217.99***		
对数伪似然值	-710.96788		
Wald 独立性检验	$\chi^2 (1) = 61.42, prob > \chi^2 = 0.0000$		
样本量	409	409	409

注：*、**、***分别表示在10%、5%、1%的显著水平；括号内数值为标准误。

二、绿色防控技术采纳对苹果种植户家庭收入的影响

为进一步分析绿色防控技术采纳的增收效应情况，本研究继续采用 ETR 模型估计绿色防控技术采纳决策对苹果种植户家庭收入的影响。表 4.4 列出了选择方程和结果方程随机误差项 ε_i 和 μ_i 的相关系数 $\rho_{\varepsilon\mu}$ 和 Wald 独立性检验的估计结果。表中的数据表明，$\rho_{\varepsilon\mu}$ 是满足 5% 统计显著性的 0.306，意味着存在不可观察因素，同时是绿色防控技术采纳决策以及家庭收入的促进性因素，也就是说结果方程是有选择性偏误问题的，若不采取有效的措施予以控制，就会导致增收效应被高估的结果。Wald 独立性检验值为满足 1% 统计显著性的 479.28，推翻了选择方程和结果方程互不影响的假设，所以有必要将两个方程联立起来进行估计，选择 ETR 模型完全可行。工具变量检验方面，首先，绿色防控技术采纳决策与苹果种植户绿色生产技术减产担忧之间的皮尔逊相关系数分别为满足 5% 统计显著性的 -0.413，证明了绿色防控技术采纳决策与苹果种植户绿色生产技术减产担忧存在关联。为了解工具变量是否有效，笔者对该工具变量实施了弱工具变量检验，F 统计量为 83.54（大幅超过 10），排除了弱工具变量问题。其次，表 4.4 第 2 列中苹果种植户对绿色生产技术的减产担忧程度估计值为满足 1% 统计显著性的 -0.399，足以说明减产担忧对受访者绿色防控技术采纳决策具有显著影响，因此，工具变量的选择是合适的。

由表 4.4 第 3 列可知，绿色防控技术采纳决策的估计系数为满足 10% 统计显著性的 0.209，表明绿色防控技术采纳有助于提高苹果种植户的家庭收入；第 4 列中，绿色防控技术采纳决策的估计系数为满足 1% 统计显著性的 0.411，表明如果不使用 EST 方法而采用稳健标准误的 OLS 方法，绿色防控技术采纳对苹果种植户的家庭收入影响作用将被高估，因此不能采用 OLS 方法的模型结果进行分析。根据 ETR 模型结果，上文提出的假设 H2 是成立的。

表 4.4　绿色防控技术对农户家庭收入影响的 ETR 模型联合估计结果

变量	ETR 方法		稳健标准误 OLS 方法
	绿色防控技术采纳	家庭收入	家庭收入
绿色防控技术采纳		0.209*	0.411***
		(0.117)	(0.074)
性别	0.786	0.321**	0.284*
	(0.508)	(0.137)	(0.167)
年龄	0.012	−0.001	−0.001
	(0.011)	(0.003)	(0.003)
受教育程度	0.128***	0.002	−0.004
	(0.036)	(0.010)	(0.010)
健康状况	−0.353***	−0.070**	−0.062*
	(0.136)	(0.031)	(0.032)
村干部身份	−0.410	−0.108	−0.091
	(0.412)	(0.106)	(0.105)
党员身份	−0.284	0.094	0.103
	(0.230)	(0.062)	(0.064)
务农人口占比	0.893	−0.336**	−0.349**
	(0.804)	(0.162)	(0.156)
家庭人口数量	0.088	0.000	0.002
	(0.122)	(0.031)	(0.029)
经营面积	0.126	0.671***	0.671***
	(0.149)	(0.035)	(0.047)
亲邻关系	0.052	0.006	0.003
	(0.120)	(0.026)	(0.025)
道路情况	0.667	0.331***	0.324**
	(0.429)	(0.106)	(0.149)
农业补贴	−0.551**	0.147***	0.181***
	(0.228)	(0.055)	(0.062)
城镇距离	−0.294*	−0.036	−0.030
	(0.158)	(0.026)	(0.026)
地区虚拟变量	已控制	已控制	已控制
绿色技术减产担忧	−0.399***		
	(0.075)		
常数项	−1.661	9.935***	9.956***
	(1.577)	(0.366)	(0.366)
检验及其他信息			

变量	ETR 方法		稳健标准误 OLS 方法
	绿色防控技术采纳	家庭收入	家庭收入
$\rho_{\varepsilon\mu}$	0.306** (0.150)		
Lnsigma	-0.765*** (0.037)		
拟合优度检验	479.28***		
对数伪似然值	-381.90328		
Wald 独立性检验	$\chi^2(1) = 4.08, prob > \chi^2 = 0.0434$		
样本量	409	409	409

注：*、**、***分别表示在 10%、5%、1%的显著水平；括号内数值为标准误。

三、绿色防控技术增收效应的异质性分析

上述分析已证实绿色防控技术采纳的增收效应，本部分主要进行异质性分析，即考察绿色防控技术采纳对不同收入水平苹果种植户增收效应的差异和动态变化。因此，笔者还是以苹果种植户对绿色生产技术的减产担忧情况为工具变量，通过 IVQR 模型完成回归分析。为实现完整的汇报，确定分位点 10%、30%、50%、70%和 90%，值得一提的是，某一分位数点表示被解释变量数值低于该分位数点样本数占总体的比例。模型 J-test 的 p 值为 0.072，满足 10%统计显著性。由表 4.5 可知，在 10%、30%、50%和 70%分位点，绿色防控技术采纳决策的估计系数分别为满足 1%统计显著性的 0.646、0.451、0.357 和 0.285，在 90%分位点是不显著的 0.161。充分证明，绿色防控技术采纳对低分位点的影响更大，也就是说农户的收入水平越低，绿色防控技术采纳的增收效应越明显，这或许是因为，高收入水平苹果种植户在经济基础、文化素质和技术水平等方面具有优势，绿色防控技术采纳的增收效应在其收入构成中所占的比重较小，而低收入农户获得的绿色防控技术采纳增收效应，在家庭收入中的占比较高。因此，绿色防控技术采纳的增收效应更为显著，上文提出的假设 H3 成立。

表4.5　绿色防控技术采纳对农户家庭收入影响的异质性分析估计结果

变量	IVQR 模型				
	10%分位点	30%分位点	50%分位点	70%分位点	90%分位点
绿色防控技术采纳	0.646***	0.451***	0.357***	0.285***	0.161
	(0.120)	(0.075)	(0.073)	(0.083)	(0.113)
性别	-0.187	-0.085	-0.036	0.002	0.066
	(0.154)	(0.189)	(0.223)	(0.254)	(0.311)
年龄	-0.025***	-0.020***	-0.017***	-0.015***	-0.011**
	(0.006)	(0.004)	(0.004)	(0.004)	(0.005)
受教育程度	-0.027	-0.015	-0.010	-0.005	0.002
	(0.026)	(0.016)	(0.012)	(0.011)	(0.013)
健康状况	-0.208***	-0.153***	-0.126***	-0.106***	-0.071
	(0.050)	(0.040)	(0.041)	(0.043)	(0.052)
村干部身份	-0.043	-0.085	-0.105	-0.121	-0.147
	(0.262)	(0.160)	(0.125)	(0.113)	(0.130)
党员身份	0.039	0.042	0.043	0.044	0.046
	(0.138)	(0.084)	(0.070)	(0.068)	(0.085)
务农人口占比	-2.381***	-1.560***	-1.167***	-0.860***	-0.341
	(0.602)	(0.329)	(0.237)	(0.214)	(0.289)
家庭人口数量	-0.319***	-0.187***	-0.123***	-0.074*	0.010
	(0.086)	(0.050)	(0.041)	(0.040)	(0.052)
经营面积	0.725***	0.656***	0.623***	0.597***	0.554***
	(0.075)	(0.054)	(0.050)	(0.052)	(0.061)
亲邻关系	-0.085**	-0.048*	-0.031	-0.017	0.006
	(0.041)	(0.029)	(0.028)	(0.030)	(0.037)
道路情况	0.022	0.030	0.034	0.037	0.042
	(0.116)	(0.127)	(0.148)	(0.168)	(0.207)
农业补贴	0.256**	0.187**	0.153**	0.127*	0.083
	(0.123)	(0.080)	(0.072)	(0.074)	(0.093)
城镇距离	-0.013	-0.059	-0.081**	-0.098***	-0.127***
	(0.055)	(0.038)	(0.035)	(0.036)	(0.044)
地区虚拟变量	已控制	已控制	已控制	已控制	已控制
常数项	15.367***	13.984***	13.322***	12.805***	11.932***
	(0.856)	(0.619)	(0.613)	(0.662)	(0.809)
样本量	409	409	409	409	409

注：*、**、***分别表示在10%、5%、1%的显著水平；括号内数值为标准误。

四、稳健性检验

本研究换用受访种植户住宅与最近的绿色防控技术宣传地点之间的距离为工具变量，继续采用 ETR 模型对受访者的苹果净收入和家庭收入进行回归，并继续采用 IVQR 模型对绿色防控技术采纳对家庭收入的增收效应进行异质性分析，检验回归结果的稳健性。工具变量检验方面，首先，绿色防控技术采纳决策与苹果种植户和绿色防控技术推广地点距离之间的皮尔逊相关系数分别为满足 10% 统计显著性的 -0.374，证明了绿色防控技术采纳决策与苹果种植户与绿色防控技术推广地点距离的关联。为了解工具变量是否有效，在这里对工具变量实施弱工具变量检验，F 统计量值是83.54（大幅超过了 10），排除了弱工具变量问题。其次，表 4.6 中两个采纳模型中苹果种植户与绿色防控技术推广地点距离估计值皆满足 1% 统计显著性，足以说明绿色防控技术推广地点距离对受访者绿色防控技术采纳决策具有显著影响，因此，工具变量的选择是合适的。由表 4.6 第 3 列和第 5 列可知，绿色防控技术决策的估计系数分别为满足 10% 统计显著性的正值，绿色防控技术采纳对种植户的苹果净收入和家庭收入皆有显著正向影响。此外，由表 4.7 能够确定，在 10%、30% 和 50% 分位点，绿色防控技术采纳决策的估计系数都满足 1% 统计显著性的正值，但在 70% 和 90%分位点的回归结果不显著，基本验证绿色防控技术采纳对低收入苹果种植户的增收效应更强。充分证明，表 4.6 和表 4.7 得到的稳健性检验结果与基准回归 ETR 模型和 IVQR 模型得到的估计结果相符，不过回归系数并不一致，证明本研究基准回归结果满足稳健性要求。

表 4.6　基准回归的稳健性检验结果

变量	ETR 方法		ETR 方法	
	绿色防控技术采纳	苹果净收入	绿色防控技术采纳	家庭收入
绿色防控技术采纳		0.143* (0.118)		0.193* (0.132)

续表

变量	ETR 方法		ETR 方法	
	绿色防控技术采纳	苹果净收入	绿色防控技术采纳	家庭收入
性别	0.777**	0.952***	0.982*	0.324**
	(0.366)	(0.366)	(0.505)	(0.137)
年龄	0.022***	0.013	0.015	−0.001
	(0.008)	(0.008)	(0.011)	(0.003)
受教育程度	0.054**	0.003	0.129***	0.003
	(0.026)	(0.024)	(0.035)	(0.010)
健康状况	−0.225**	−0.114	−0.250*	−0.071**
	(0.096)	(0.083)	(0.131)	(0.031)
村干部身份	−0.497	−0.210	−0.749*	−0.109
	(0.322)	(0.286)	(0.400)	(0.106)
党员身份	0.132	0.273	−0.052	0.093
	(0.173)	(0.167)	(0.225)	(0.062)
务农人口占比	0.433	−0.946**	0.746	−0.335**
	(0.574)	(0.438)	(0.810)	(0.163)
家庭人口数量	−0.015	−0.148*	0.030	0.000
	(0.088)	(0.083)	(0.117)	(0.031)
经营面积	0.258**	1.046***	0.121	0.671***
	(0.108)	(0.095)	(0.147)	(0.035)
亲邻关系	0.016	0.041	0.062	0.007
	(0.090)	(0.069)	(0.121)	(0.026)
道路情况	0.879**	1.619***	0.503	0.332***
	(0.352)	(0.286)	(0.445)	(0.106)
农业补贴	−0.404**	−0.220	−0.525**	0.144**
	(0.158)	(0.142)	(0.227)	(0.056)
城镇距离	−0.013	−0.063	−0.113	−0.036
	(0.114)	(0.069)	(0.161)	(0.026)
地区虚拟变量	已控制	已控制	已控制	已控制
绿色技术宣传点距离	−0.037***		−0.078***	
	(0.012)		(0.022)	
常数项	−3.165***	−3.165***	−3.162**	9.933***
	(1.139)	(1.139)	(1.539)	(0.366)
检验及其他信息				
$\rho_{\varepsilon\mu}$	1.859***		0.309*	
	(0.128)		(0.166)	

续表

变量	ETR 方法		ETR 方法	
	绿色防控技术采纳	苹果净收入	绿色防控技术采纳	家庭收入
Lnsigma	0.229***		-0.764***	
	(0.038)		(0.038)	
拟合优度检验	210.40***		476.53***	
对数伪似然值	-713.221		-390.508	
Wald 独立性检验	$\chi^2(1) = 73.26,$ $prob > \chi^2 = 0.0000$		$\chi^2(1) = 3.22,$ $prob > \chi^2 = 0.0729$	
样本量	6409	409	409	409

注：*、**、***分别表示在10%、5%、1%的显著水平；括号内数值为标准误。

表 4.7　异质性回归的稳健性检验结果

变量	IVQR 模型				
	10%分位点	30%分位点	50%分位点	70%分位点	90%分位点
绿色防控技术采纳	0.658**	0.410**	0.248**	0.127	-0.023
	(0.339)	(0.196)	(0.128)	(0.115)	(0.159)
性别	0.245	1.943	3.055	3.879	4.910
	(1.362)	(2.056)	(2.663)	(3.134)	(3.744)
年龄	-0.044	-0.041*	-0.040**	-0.038*	-0.037***
	(0.035)	(0.026)	(0.020)	(0.016)	(0.011)
受教育程度	0.019	0.012	0.008	0.005	0.001
	(0.071)	(0.042)	(0.026)	(0.020)	(0.025)
健康状况	-0.372	-0.295*	-0.245**	-0.207*	-0.160
	(0.251)	(0.164)	(0.120)	(0.104)	(0.114)
村干部身份	-0.542	-0.238	-0.038	0.109	0.294
	(2.051)	(1.121)	(0.546)	(0.283)	(0.630)
党员身份	0.058	-0.059	-0.135	-0.192	-0.263
	(0.265)	(0.178)	(0.146)	(0.145)	(0.172)
务农人口占比	-4.811	-4.051	-3.553**	-3.185***	-2.723***
	(2.945)	(1.996)	(1.449)	(1.133)	(0.980)
家庭人口数量	-0.653	-0.525	-0.440	-0.378**	-0.300**
	(0.494)	(0.344)	(0.251)	(0.187)	(0.126)
经营面积	0.838*	0.779***	0.740***	0.711***	0.675***
	(0.295)	(0.192)	(0.131)	(0.097)	(0.087)

续表

变量	IVQR 模型				
	10%分位点	30%分位点	50%分位点	70%分位点	90%分位点
亲邻关系	-0.128 (0.166)	-0.106 (0.104)	-0.091 (0.073)	-0.080 (0.064)	-0.066 (0.076)
道路情况	-0.200 (0.491)	-0.518 (0.504)	-0.727 (0.657)	-0.882 (0.805)	-1.075 (1.011)
农业补贴	0.214 (0.342)	0.133 (0.207)	0.080 (0.137)	0.041 (0.115)	-0.009 (0.147)
城镇距离	-0.016 (0.116)	-0.110 (0.078)	-0.172** (0.082)	-0.217** (0.099)	-0.275** (0.131)
地区虚拟变量	已控制	已控制	已控制	已控制	已控制
常数项	19.093* (7.537)	17.136*** (6.197)	15.854*** (5.456)	14.905*** (4.994)	13.716*** (4.567)
样本量	409	409	409	409	409

注：*、**、***分别表示在10%、5%、1%的显著水平；括号内数值为标准误。

第五节　本章小结

本章从绿色防控技术采纳的经济效应角度出发，构建绿色防控技术采纳影响农户家庭收入的理论分析框架，利用2022年山东省烟台市、临沂市两市苹果种植户实地调查数据，以及内生处理效应回归模型（ETR）和工具变量分位数回归模型（IVQR），综合处理由可观测和不可观测因素造成的选择性偏误问题，实证检验绿色防控技术采纳的增收效应及其异质性。结果表明：绿色防控技术采纳有助于提高苹果种植户的苹果净收入和家庭收入，验证了绿色防控技术具有增收效应；绿色防控技术采纳对农户的增收效应具有异质性，具体来说，绿色防控技术采纳对收入水平低分位点的影响超过了高分位点，也就是收入水平越低，技术采纳的增收效应越明显。

第五章 绿色防控技术采纳对
农户技术效率的影响

第四章着重分析了绿色防控技术采纳对苹果种植户家庭收入的影响，验证了绿色防控技术采纳的增收效应；在此基础上，本章将继续聚焦绿色防控技术采纳的经济效应，进一步研究苹果种植户采纳绿色防控技术是否能够实现节本增效。具体来看，本章从农户技术效率视角出发，在构建绿色防控技术采纳对农户技术效率影响的理论分析框架基础上，着重分析绿色防控技术采纳对农户技术效率的影响，从技术效率的角度探究绿色防控技术采纳的经济效应。

第一节 引言

党的十九大报告多次提到要提高全要素生产率，在农业领域中就是提升资源配置效率，将土地、劳动等方面的要素充分地释放出来。苹果种植需要投入大量的土地以及劳动力资源。一方面，2020 年农业农村部颁布了《关于防止耕地"非粮化"稳定粮食生产的意见》，禁止将耕地非粮化，这意味着苹果种植户无法通过扩大果园种植面积的方式来提升产量和收入；另一方面，在近些年间，大量的农村人口涌入城市，从事非农业产业，导致农村剩余劳动力数量和质量明显降低，严重限制了苹果产业的发展，传统生产模式下形成的对化肥农药的严重依赖性，也阻碍了农业的绿色发展，苹果产业难以摆脱资源供应不足、生产效率低的困境，种植户的收入水平难以显著提高，亟须推广绿色生产技术，提升农业生产技术采纳水平，实现苹果产业高质量发展。推广绿色防控技术、提高农户技术效率是实现苹果产业高质量发展、使众多的苹果种植户摆脱当前困境的着手点和突破口。

梳理现有的文献可知，绿色防控技术对农户经济效应影响的研究比较丰富，但多数研究的研究对象是绿色防控技术采纳对农户家庭收入增收效应的影响，较少的研究关注到绿色防控技术对生产效率的影响，且现有对生产效率的研究大多采用宏观调研数据，微观调研数据使用得较少，很难从农户技术采纳角度着手对生产效率进行分析。除此之外，绿色防控技术采纳是否能带来农户技术效率的提升仍未达成学术共识，针对不同品种、不同地区的绿色防控技术采纳经济效应研究仍在不断推进。

基于此，本研究利用 2022 年山东省烟台市、临沂市两市苹果种植户实地调查数据，采用随机前沿方法（SFA）测算农户技术效率，并在此基础上，选取苹果是否采纳绿色防控技术代表苹果种植户的绿色防控技术采纳决策，采用内生转换模型（ESR）进行回归，综合处理由可观测和不可观测因素造成的选择性偏误问题，重点分析绿色防控技术采纳是否能够提升农户技术效率，以期为相关政策制定提供理论支撑和政策依据。

第二节　绿色防控技术采纳对
农户技术效率的影响机制

绿色防控技术的重要作用在于通过更高效的农业病虫害防治方式，提高农户的农业生产能力，弥补劳动力短缺、土地资源有限所给农业生产带来的束缚，绿色防控技术具有科学、绿色、有效的特点，采纳绿色防控技术的种植户家庭主要通过要素替代、要素优化两条路径，提升技术效率。相关文献已证实绿色生产技术有助于提升农户技术效率（孙顶强等，2022；汪紫钰等，2019；刘爱珍等，2019），但绿色防控技术对农户技术效率提升的研究还有待丰富和完善，本研究借鉴 Ma et al.（2018）和 Feng et al.（2021b）的理论分析框架，如图 5.1 所示，本研究从要素优化效应、要素替代效应两条路径出发，分析绿色防控技术提升农户技术效率的作用路径。

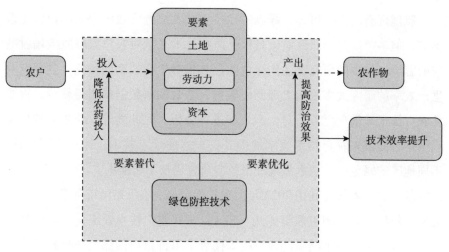

图 5.1　绿色防控技术影响农户技术效率路径图

一、要素优化路径

绿色防控技术对病虫害防治有着效果优异的不可替代作用（叶文武等，2023；陈芳龙等，2022；赵景等，2022；冷春蒙等，2020），可以通过改变施药结构，采用防治效果更好的生物农药，提升农药防治效果以增加优等果的产出，从而提高苹果产出的质量和数量，增加苹果亩均收入，进而提升农户技术效率。

二、要素替代路径

绿色防控技术可以降低病虫害防治投入的作用也被已有文献证实（Fernandez Cornejo，1996；Cuyno et al.，2001；刘道贵，2005；赵连阁等，2013）。采纳绿色防控技术可以通过非施药手段和部分价格低廉的生物农药替代化学农药的途径替代部分农药的使用，降低苹果种植户的农药亩均投入，降低农药投入成本，进而提升农户技术效率。

基于此，本研究提出以下研究假说。

H1：苹果种植户采纳绿色防控技术可以显著提高其农户技术效率。

第三节　模型构建与变量选择

一、模型构建

（一）农户技术效率测算：随机前沿分析方法

农业生产效率的测度方法较丰富，主要包括单要素生产率和全要素生产率两种。单要素生产率指的是产出水平与某一生产要素投入量的比值，常用单要素生产率包括劳动生产率（冒佩华等，2015；江鑫等，2019；郑宏运等，2021）和土地生产率（范红忠等，2014；杨宗耀等，2020b；郑宏运等，2021）等。这种衡量方式需要假定农户处于要素配置最优的完全要素市场中，要求生产过程中不存在效率损失。全要素生产率则指的是农业生产过程中投入转化成产出的总效率水平，剔除了其他因素对产出的影响（郭庆旺等，2005；Sheng et al.，2019；龙少波等，2021）。其中，农户技术效率是全要素生产率的重要构成，农户技术效率从投入产出角度量化配置效率，表现为在生产方式和要素投入保持不变的情况下，实际产出与最优产出的比值。这种衡量方式允许农业生产过程中存在效率损失，更能体现农户的农业生产实际（Chavas et al.，2005；李谷成等，2010；高鸣等，2014）。基于此，本研究选取农户技术效率为农业生产效率指标。

量化农户技术效率，可以采用的方法有两大类：其一为非参数法，比如数据包络分析法（DEA）等；其二为参数法，比如随机前沿分析方法（SFA）等。相较于DEA方法，SFA方法的优点主要体现在两个方面：一是SFA方法可以将误差项拆分成非效率项和随机误差项两个部分，并在此基础上，实现农业生产投入的准确描述；二是SFA方法估计的生产前沿面是随机的，可以有效避免农业生产中自然灾害和天气变化等突发事件对技术效率估计产生的影响，因此，本研究采用 SFA 方法测算农户技术效率。SFA 方法由 Aigner et al.（1977）和 Meeusen et al.（1977）提出，使用该方法测算农户技术效率需要设定投入和产出之间的函数关系式，常用的函数关系式是超越对数生产函数和柯布道格拉斯（C-D）生产函数两类。相较于超越对数形式的生产函数，C-D 形式的生产函数更简洁，且经济含义较易理解。此外，本部分的重点是农户技术效率的测算，而非生产函数形式的考察，借鉴 Taylor et al.（1986）的文献，此时 C-D 生产函数的测算效果优于其他函数形式，因此，借鉴已有研究成果（黄祖辉等，2014；杨钢桥等，2018；张永强等，2021a；陈哲等，2021），本研究同样选取 C-D 生产函数形式测算农户技术效率，并根据 Battese et al.（1992）的研究，C-D 形式的 SFA 方法可设定为：

$$\ln Y_i = \alpha_0 + \alpha_1 \ln L_i + \alpha_2 \ln T_i + \alpha_3 \ln K_i + \vartheta_i - \mu_i \qquad (5\text{-}1)$$

式（5-1）中，i 表示第 i 个农户，Y_i 为苹果产值，L_i、T_i 和 K_i 分别为劳动力、土地和资本生产要素投入情况；α_0 为常数项，α_1、α_2 和 α_3 均为待估参数；ϑ_i 为传统随机误差项，服从对称的正态分布，即 $\vartheta_i \sim N(0, \sigma_\vartheta^2)$，$\mu_i$ 为技术非效率损失，服从均值为 λ 的指数分布，即 $\mu_i \sim (\lambda, 0)$；随机前沿生产函数模型采用极大似然估计方法（MLE）进行估计，可求得，农户技术效率为：

$$TE_i = (E(Q_i \mid u_i, X_i)) / (E(Q_i \mid u_i = 0, X_i)) \qquad (5\text{-}2)$$

式（5-2）中，X_i 为苹果生产的各项投入要素集合，$E(Q_i \mid u_i, X_i)$ 为实际苹果产值的期望值，而 $E(Q_i \mid u_i = 0, X_i)$ 为最大苹果产值的期望值，农户技术效率 TE_i 为实际苹果产值期望与最大苹果产值期望之间的比值，由农户技术效率的定义可知，TE_i 的取值范围是 0 到 1。此外，TE_i 越接近 1，苹果种植户越接近完全效率状态，TE_i 越接近 0，苹果种植户越接近非效率阶段。

技术效率是对农户生产管理效率和生产效率的测量，参考已有文献（杨子等，2019a；胡祎等，2018）和农户行为理论，本书选择绿色防控技术采纳特征、生产决策者特征、家庭特征变量以及农业生产特征作为影响农业生产技术效率的因素。为考察绿色防控技术采纳对农户技术效率的影响，本书设定技术效率影响因素模型初步设置如下：

$$TE_i = \beta_0 + \beta_1 GCT_i + \sum_{j,i}^{m,n} \beta_j X_i + \varepsilon_i \qquad (5-3)$$

式（5-3）中，GCT_i 为农户是否采纳绿色防控技术，X_i 为其他影响农户技术效率因素的合集，ε_i 为随机误差项，具体实证模型将采用内生转换模型，并于后文进行详细介绍。

（二）绿色防控技术采纳对农户技术效率的处理效应：内生转换模型

SFA 方法测算出了苹果种植户的技术效率，本部分进一步分析苹果种植户的绿色防控技术采纳行为对其技术效率的影响。通常情况下，苹果种植户可自行决定是否采纳绿色防控技术，处理组和对照组的苹果种植户技术采纳选择并不是随机的，可能存在选择性偏误问题，已有研究成果大多采用倾向得分匹配方法（PSM）来评估处理变量对农户技术效率的影响（蔡荣等，2018；Zhang et al.，2020；杨思雨等，2021；张复宏等，2021）。但是 PSM 方法属于非参数效应评估方法，只能处理由可观测因素造成的选择性偏误问题。Maddala（1983）提出的内生转换模型（Endogenous Switching Regression，ESR）可综合处理由可观测因素和不可观测因素可能导致的选择性偏误问题，因此，借鉴已有研究成果（Ma et al.，2016；Zheng et al.，2020；Zhu et al.，2021；陈哲等，2021），本研究选取农户技术效率为结果变量，绿色防控技术采纳为处理变量，并在此基础上，运用 ESR 模型实证检验绿色防控技术采纳对农户技术效率的影响。

ESR 模型回归过程包括两个环节：其一为选择方程回归，旨在反映出受访者个人、家庭生产经营等各个变量和绿色防控技术采纳决策之间的关系；其二为结果方程回归，也就是苹果种植户收入决定的结果方程，在控制内生性的前提下，估计绿色防控技术采纳对农户技术效率的影响。具体来说，第一阶段选择方程和第二阶段结果方程分别为：

$$选择方程\ O_i^* = \delta X_i + \partial\, I_i + \varepsilon_i,\ O_i = \begin{cases} 1, & 如果\ O_i^* > 0 \\ 0, & 如果\ O_i^* \leqslant 0 \end{cases} \qquad (5-4)$$

$$结果方程：处理组\quad TE_{1i} = \beta_1 X_{1i} + \sigma_1 \lambda_{1i} + \tau_{1i} \qquad (5-5a)$$

结果方程：对照组　$TE_{0i} = \beta_0 X_{0i} + \sigma_0 \lambda_{0i} + \tau_{0i}$ 　　　　　（5-5b）

式（5-4）为选择方程，其中，O_i 为苹果种植户的绿色防控技术采纳决策，是一个二元选择变量，由随机效用模型 O_i^* 决定，O_i^* 为采纳绿色防控技术获得效用（U_{iU}）与未采纳绿色防控技术获得效用（U_{iN}）的差值，若 $O_i^* = U_{iU} - U_{iN} > 0$，则 $O_i = 1$，表示苹果种植户采纳绿色防控技术；若 $O_i^* = U_{iU} - U_{iN} \leqslant 0$，则 $O_i = 0$，表示苹果种植户未采纳绿色防控技术。δ 和 ∂ 均为待估参数，ε_i 为随机误差项，I_i 是工具变量。式（5-5a）和式（5-5b）为结果方程，而 TE_{1i} 和 TE_{0i} 分别为采纳绿色防控技术的苹果种植户与未采纳绿色防控技术的苹果种植户的农户技术效率；X_{1i} 和 X_{1i} 是绿色防控技术采纳决策和农户技术效率的影响因素；τ_{1i} 和 τ_{0i} 为结果方程的随机误差项。λ_{1i} 和 λ_{0i} 为选择方程回归计算出的逆米尔斯比率，用以处理由不可观测因素造成的选择性偏误问题。σ_1 和 σ_0 分别为选择方程随机误差项 ε_i 与结果方程随机误差项 τ_{1i} 和 τ_{0i} 的协方差，用以识别绿色防控技术采纳决策与农户技术效率的相关关系，如果回归结果显著，则需要纠正选择性偏误问题。此时，β_1 和 β_0 是一致估计量。

须指出的是，ESR 模型通过完全信息极大似然估计法对选择方程和结果方程进行联合估计，可以求得采纳和未采纳绿色防控技术苹果种植户的农户技术效率分别为式（5-6）和式（5-7），对应的，采纳绿色防控技术苹果种植户若不采纳绿色防控技术和未采纳绿色防控技术苹果种植户若采纳绿色防控技术的农户技术效率分别为式（5-8）和式（5-9）：

$$E(TE_{1i} \mid O_i = 1) = X_{1i}\beta_1 + \rho_1 \sigma_1 \lambda_{1i} \qquad (5-6)$$

$$E(TE_{0i} \mid O_i = 0) = X_{0i}\beta_0 + \rho_0 \sigma_0 \lambda_{0i} \qquad (5-7)$$

$$E(TE_{0i} \mid O_i = 1) = X_{1i}\beta_0 + \rho_0 \sigma_0 \lambda_{1i} \qquad (5-8)$$

$$E(TE_{1i} \mid O_i = 0) = X_{0i}\beta_1 + \rho_1 \sigma_1 \lambda_{0i} \qquad (5-9)$$

式（5-6）、式（5-7）、式（5-8）和式（5-9）中，ρ_1 为选择方程随机误差项 ε_i 与结果方程随机误差项 τ_{1i} 的相关系数，ρ_0 为选择方程随机误差项 ε_i 与结果方程随机误差项 τ_{0i} 的相关系数。根据模型设定，可得处理组的平均处理效应（ATT）和对照组的平均处理效应（ATU）表达式分别为：

$$ATT = E(TE_{1i} \mid O_i = 1) - E(TE_{1i} \mid O_i = 1) \qquad (5\text{-}10)$$

$$ATU = E(TE_{1i} \mid O_i = 0) - E(TE_{0i} \mid O_i = 0) \qquad (5\text{-}11)$$

二、数据来源

本研究数据来源于 2022 年 1—2 月和 2022 年 7—8 月对山东省烟台市和临沂市 1 省 2 市 5 县（区）20 个行政村的问卷调查。调研方式为"一对一"访谈形式，调研设计及基本的样本分布等情况详见第三章第三节，此处不再赘述。

三、变量选择

（一）投入产出变量

产出变量为苹果种植总收入，该变量由苹果种植户生产的不同品等的苹果种植产出水平分别乘以其销售价格计算所得。劳动力投入，该变量由苹果种植户苹果种植过程中所有环节劳动投工量求和计算所得，包含自家劳动投工量和雇工投工量等。土地投入，该变量为苹果种植户苹果种植总面积。农药肥料资本投入，该变量由苹果种植户苹果种植过程中投入农药和肥料所产生费用求和计算所得。非农药化肥资本投入，该变量由苹果种植户苹果种植过程中所有生产费用求和计算所得，包含果园管理工具费用、接穗/嫁接费、套袋作业费用、收货作业费用、冷藏费用和水电及灌溉费用等。需指出的是，投入产出变量主要用于测算苹果种植户的农户技术效率，本研究运用 C-D 生产函数形式的随机前沿生产函数模型测算效率，模型中投入产出变量均采用对数形式，因此，这部分变量的定义也采用对数形式。

（二）结果变量为农户技术效率

该变量由 C-D 生产函数形式的随机前沿生产函数模型测算所得。

（三）处理变量为苹果种植户绿色防控技术采纳决策

该变量是一个二元选择变量，借鉴已有研究成果（Sun et al.，2018；

杨志海，2019；Baiyegunhi et al.，2019；陈哲等，2021），本研究将其界定为：2022年，若受访苹果种植户在苹果种植过程中采纳绿色防控技术集合中的至少一项，则赋值为1，归为处理组；若未采纳，赋值为0，归为对照组。

（四）控制变量

借鉴陈超等（2012）、张忠军等（2015）、孙顶强等（2016）、Sun et al.（2018）、Ma et al.（2018）、Abdul et al.（2018）、杨子等（2019b）、张永强等（2021b）、Feng et al.（2021b）和陈哲等（2021）的文献，笔者确定采用如下几个控制变量：其一，受访农户个人特征变量，比如年龄、文化水平、苹果种植年限、种植年限的平方等4个变量；其二，受访农户家庭生产经营特征变量，包括参加农业培训次数、人均苹果经营面积和务农人数3个变量；其三，受访农户果园情况，包括果园细碎化程度和土壤质量2个变量。此外，须指出的是，为排除各个地区间区域特色、经济水平等因素的干扰，模型还采用了一组地区虚拟变量。

（五）工具变量

根据模型设定，实证回归过程中可能存在测量误差或遗漏变量等内生性问题，故需要寻找工具变量。本研究选取"居住地点距离绿色生产技术推广地点的距离"为工具变量。该变量指"您的居住地点距离绿色生产技术推广地点的距离"，该指标会显著影响苹果种植户的绿色防控技术采纳行为，但对其农户技术效率而言则为外生变量，故选取此变量为工具变量。

四、描述性统计分析

表5.1汇报了本研究实证部分所使用变量及其含义以及描述性统计数据。对表中内容进行分析可知，有223位受访者在苹果种植过程中采纳了绿色防控技术，约占总样本的54.52%，其他186位受访者未采纳，约占总样本的45.48%；受访者苹果种植总收入取对数后的均值为11.03；投工量取对数后的均值为4.71；种植面积取对数后的均值为1.56；农药肥料费用

取对数后的均值为 8.58，苹果种植非农药肥料的资本投入取对数后的均值为 8.65；受访者的农户技术效率均值为 0.70，存在 30%的效率损失；受访者实际年龄的均值为 55.23 岁；受教育年限的均值为 8.11 年；苹果种植年限的均值为 21.74 年；受访者居住地点距离绿色生产技术推广地点的距离均值为 6.07 千米。

表 5.1　变量定义及描述性统计

变量名称	变量定义	均值	标准差
投入产出变量			
总产出	2022 年，苹果种植总收入（万元）	6.170	0.72
劳动投入	2022 年，苹果种植总投工量（工日）	111.1	0.81
土地投入	2022 年，苹果种植面积（亩，对数）	4.759	0.70
农药肥料投入	2022 年，苹果种植农药肥料费用（万元）	0.532	0.77
其他资本投入	2022 年，苹果种植非农药肥料的资本投入（万元）	0.571	0.95
结果变量			
农户技术效率	由 SFA 模型估计得出	0.70	0.10
处理变量			
绿色防控技术采纳	苹果种植过程中，是否采纳绿色防控技术：是＝1；否＝0	0.54	分布参见 3.3.2
控制变量			
年龄	实际年龄（周岁）	55.23	9.85
受教育程度	受教育年限（年）	8.11	2.79
种植年限	种植苹果的年限（年）	21.74	11.82
种植年限的平方	种植苹果年限的平方（取平方后除以 100）	6.12	7.34
技术培训	家庭成员近三年参加农业培训次数（次）	2.20	1.56
务农人口数量	参与苹果种植的家庭成员数量（人）	2.49	0.90
人均经营面积	家庭人均苹果经营面积（亩/人）	2.30	2.61

变量名称	变量定义	均值	标准差
细碎化程度	果园的平均每亩块数（块/亩）	0.65	0.52
土壤质量	地力情况（1＝较差；2＝一般；3＝较好）	2.19	0.58
地区虚拟变量	烟台＝1；临沂＝0	0.38	0.48
工具变量			
绿色技术宣传地点距离	居住地点距离绿色生产技术推广地点的距离（千米）	6.07	4.84

数据来源：根据调研数据整理所得。

第四节　绿色防控技术采纳影响农户技术效率的实证结果

一、农户技术效率估计结果

表 5.2 汇报了农户技术效率估计结果的总体分布情况以及其在处理组农户和对照组农户之间的分布情况，其中，2—3 列、4—5 列和 6—7 列分别报告了总样本、处理组农户和对照组农户的效率分布情况。可以看出，处理组和对照组农户之间存在以下差异。首先，总样本的技术效率均值为 0.708，存在 29.2% 效率损失，处理组农户的技术效率均值为 0.739，存在 26.1% 效率损失，对照组农户的技术效率均值是 0.669，存在 32.9% 效率损失，证明总样本农户的技术效率仍存在一定提升空间。其次，总样本农户的技术效率分布在 0.187 和 0.946 之间，处理组农户的技术效率分布在 0.387 和 0.917 之间，对照组农户的技术效率分布在 0.187 和 0.946 之间，表明总样本农户的技术效率差别较大。值得一提的是，处理组农户技术效率的最小值和均值均高于对照组农户，但是还不能说明技术效率差异是由绿色防控技术采纳导致的，要论证绿色防控技术采纳对农户技术效率的影

响，还需继续进行实证分析。

表5.2　农户技术效率估计结果的分布情况

效率区间	总样本		处理组种植户		对照组种植户	
	样本量	占比（%）	样本量	占比（%）	样本量	占比（%）
[0.1-0.6)	42	10.27	7	3.14	35	18.82
[0.5-0.7)	103	25.18	53	23.77	50	26.88
[0.7-0.8)	198	48.41	123	55.15	75	40.54
[0.8-1)	66	16.14	40	17.94	26	13.76
最大值	0.946		0.917		0.946	
最小值	0.187		0.387		0.187	
均值	0.708		0.739		0.669	
样本量	409		223		186	

数据来源：农户技术效率值由 C-D 形式的随机前沿生产函数模型估计所得。

二、绿色防控技术采纳对农户技术效率的影响分析

（一）绿色防控技术采纳与农户技术效率的 ESR 联合估计

绿色防控技术采纳与农户技术效率联合估计结果如表 5.3 所示，其中，第 2 列、第 3 列为绿色防控技术采纳影响因素的估计结果，第 4 列、第 5 列和第 6 列、第 7 列分别为采纳和未采纳绿色防控技术苹果种植户的影响因素的估计结果。表中，独立模型 LR 检验值为满足 1% 统计显著性的 20.15，推翻了选择方程和结果方程互不影响的假设，所以要把二者联合起来估计，选择 ESR 模型比较恰当。

工具变量检验方面，首先，绿色防控技术采纳决策与"苹果种植户居住地点距离绿色生产技术推广地点的距离"之间的皮尔逊相关系数为满足 5% 统计显著性的 -0.375，证明了绿色防控技术采纳决策与"苹果种植户居住地点距离绿色生产技术推广地点的距离"的关联。为了解工具变量是否有效，笔者在这里对工具变量实施弱工具变量检验，由此确定的 F 统计量是 66.47（大幅超过 10），排除了弱工具变量问题。另外，表 5.3 的第 2 列、第 3 列中"苹果种植户居住地点距离绿色生产技术推广地点的距离"

的估计值为满足 1% 统计显著性的 −0.066，足以说明 "苹果种植户居住地点距离绿色生产技术推广地点的距离" 对受访种植户绿色防控技术采纳决策具有显著影响，因此，工具变量的选择是合适的。

表 5.3　绿色防控技术采纳对农户技术效率影响分析 ESR 模型结果

变量	选择方程		结果方程：未采纳		结果方程：采纳	
	系数	标准误	系数	标准误	系数	标准误
年龄	0.020**	(0.010)	0.000	(0.001)	−0.001	(0.001)
受教育程度	0.079***	(0.027)	0.001	(0.004)	−0.003	(0.002)
种植年限	−0.016	(0.019)	0.006***	(0.002)	0.003**	(0.001)
种植年限的平方	0.022	(0.025)	−0.009**	(0.004)	−0.003*	(0.002)
技术培训	0.075	(0.061)	0.007	(0.010)	−0.001	(0.003)
务农人数	0.007	(0.118)	−0.004	(0.013)	−0.008	(0.008)
人均经营面积	−0.023*	(0.044)	0.009	(0.006)	−0.003*	(0.002)
细碎化程度	−0.375**	(0.171)	−0.037**	(0.016)	0.026*	(0.014)
土壤质量	−0.083	(0.154)	0.008	(0.019)	0.018**	(0.008)
地区虚拟变量	已控制	已控制	已控制			
宣传地点距离	−0.066***	(0.017)				
常数项	−1.323*	(0.769)	0.608***	(0.099)	0.835***	(0.055)
检验及其他信息						
对数伪似然值	287.49 [0.0395]					
独立模型 LR 检验	20.15 [0.0000]					
样本量	409		409		409	

注：*、**、***分别表示在 10%、5%、1% 的显著水平；括号内数值为标准误，方括号内为相应检验的概率 p 值。

1. 选择方程的 ESR 模型估计结果

表 5.3 的第 2 列、第 3 列汇报了 ESR 模型选择方程的估计结果。可知，年龄对绿色防控技术采纳决策产生显著的正向影响。这一结果不难理解，一方面，年龄较大的农户的社会阅历更加丰富，更倾向于采用多种病虫害防治手段进行组合防控，对绿色防控技术集合中较实用、有效的部分技术接受程度较高。另一方面，病虫害问题关系到苹果的产量和品质，对种植户的农业收入影响非常大，年龄较大的农户外出务工可能性低，需要

依靠农业生产维持生计，更倾向于精耕细作以提高收入水平。受教育程度对绿色防控技术采纳决策产生显著的正向影响。这一结果不难理解，一方面，受教育程度较高的农户更能理解绿色防控技术采纳的重要意义，其意义既包含多种防控方式组合更利于病虫害的控制，也包含绿色防控技术对产品安全、生态安全和个人安全的保护。另一方面，受教育程度较高的农户学习绿色防控技术时接受程度和理解程度更高，采纳技术时操作相对科学，采纳技术后绿色防控技术的效果更好，更利于农户持续采纳。人均苹果经营面积对绿色防控技术采纳决策产生显著的负向影响。这一点不难理解，部分绿色防控技术采纳需要投入更多的劳动力，通常情况下，人均苹果经营面积越大的农户家庭需要投入的劳动力越多，越难以实现绿色防控技术的采纳，不采纳可以降低劳动力投入成本。细碎化程度对绿色防控技术采纳决策产生显著的负向影响。一般情况下，果园地块更细碎会使农户实现精耕细作的难度更大，从而降低农户采纳多种技术的可能，因此，其购买绿色防控技术采纳的意愿更弱。

2. 结果方程的 ESR 模型估计结果

表 5.3 的第 4 列、第 5 列和第 6 列、第 7 列分别汇报了处理组和对照组苹果种植户的 ESR 模型结果方程估计结果。由回归结果可知，苹果种植年限的一次方系数为显著的正向影响，种植年限的平方对农户技术效率产生了显著的负向影响，即种植年限对技术效率的影响呈倒 U 形。这一结果不难理解，农户的苹果种植年限越高，苹果的管理经验越丰富，能够有效避免不必要的要素投入和减少要素浪费，降低要素投入量（陈超等，2012；陈哲等，2021；王玉斌等，2019）。当种植年限超过一定年限后，农户的体力劳动能力和信息获取能力会下降，农户倾向于不改变固有的种植习惯，进而负向影响农户的技术效率。因此，苹果种植年限对农户技术效率的影响呈倒 U 形。人均经营面积对采纳绿色防控技术苹果种植户的农户技术效率产生显著的负向影响，表明经营面积越大，技术效率反而降低，这并不难理解，人均经营面积过大会导致劳动力不足，当采纳绿色防控技术时劳动力需求缺口被拉大，就会降低农户技术效率。

（二）绿色防控技术采纳对农户技术效率影响的处理效应

本部分运用式（5-10）和式（5-11）评估绿色防控技术采纳对农户技术效率的影响，计量回归结果如表 5.4 所示。需要说明的是，表 5.4 中第 2 列第 2 行和第 3 列第 3 行分别表示苹果种植户实际采纳绿色防控技术和未采纳绿色防控技术时的效率水平；第 3 列第 2 行和第 2 列第 3 行则表示反事实情景，分别表示采纳绿色防控技术的苹果种植户若未采纳时和未采纳绿色防控技术的苹果种植户若采纳时的效率值。总体来看，绿色防控技术采纳对技术效率有正向促进作用，且在 1%统计水平上显著。其中，ATT 值的结果表明，实际采纳绿色防控技术的苹果种植户若未采纳该技术，农户技术效率将下降 3.9%，即由人均 73.9%下降至 70.0%。而 ATU 的结果表明，实际未采纳绿色防控技术的苹果种植户若采纳该技术，农户技术效率将上升 18.2%，即由人均 66.9%上升至 85.1%。综上可知，绿色防控技术采纳有助于提升农户技术效率。

表 5.4　绿色防控技术采纳对农户技术效率影响的平均处理效应

种植户类型	采纳绿色防控技术	未采纳绿色防控技术	ATT	ATU
采纳绿色防控技术组	0.739	0.700	0.039***	
未采纳绿色防控技术组	0.669	0.851		0.182***

注：*、**、***分别表示在 10%、5%、1%的显著水平，ATT、ATU 分别表示采纳绿色防控技术苹果种植户、未采纳绿色防控技术苹果种植户对应的平均处理效应。

三、稳健性检验

ESR 模型属于参数类效应评估方法，对工具变量有较强的依赖性，为保证回归结果的稳健性，本研究采用倾向得分匹配方法（PSM）、逆概率加权法（IPW）、回归调整法（RA）和逆概率加权回归调整法（IPWRA）等四种非参数类效应评估方法估计绿色防控技术采纳对农户技术效率的影响，由表 5.5 可知，PSM、IPW、RA 和 IPWRA 的 ATT 值结果分别为满足 1%显著性水平的 0.174、0.155、0.176 和 0.155，可见，四种非参数类效应评估方法均证实了绿色防控技术采纳对农户技术效率的正向促进作用，这和上文的研究结果相符，由此证明，基准回归的研究结论满足稳健性要求。

表 5.5　稳健性检验估计结果

处理变量	模型类型	ATT	标准误	T 值（Z 值）
苹果种植户农业生产技术效率	PSM	0.174***	0.037	4.70
	IPW	0.155***	0.033	4.65
	RA	0.176***	0.039	4.49
	IPWRA	0.155***	0.033	4.65

注：*、**、***分别表示在10%、5%、1%的显著水平；括号内数值为标准误。此外，PSM 模型汇报的是一对一匹配法的估计结果。

第五节　本章小结

本章从绿色防控技术的经济效应角度出发，构建技术采纳影响农户技术效率的理论分析框架，利用2022年山东省苹果种植户实地调查数据，采用内生转换回归模型（ESR），实证检验绿色防控技术采纳对农户技术效率的影响。结果表明绿色防控技术采纳有助于促进农户技术效率提升，具体来看，实际采纳绿色防控技术的农户若未采纳该技术，农户技术效率将下降3.9个百分点，即由户均73.9%下降至70.0%。而实际未采纳绿色防控技术的农户若采纳该技术，农户技术效率将上升18.2个百分点，即由人均66.9%上升至85.1%。可知，绿色防控技术采纳有助于提升农户技术效率。

第六章 农户绿色防控技术采纳行为分析

前两章验证了绿色防控技术的采纳可以实现农户农业生产的增收增效，经济效益理论上可以成为农户采纳绿色防控技术的动机。但调研结果显示，研究区域内绿色防控技术的采纳广度刚过半数、深度明显不足，农户技术采纳决策的其他影响因素值得深入研究，基于此，本章将进一步研究农户绿色防控技术采纳行为的影响因素。具体来看，本章在构建苹果绿色防控技术采纳行为影响因素理论分析框架的基础上，运用零膨胀泊松回归模型、Ordered Probit 等模型分析和探究苹果种植户绿色防控技术采纳行为的影响因素，挖掘农户采纳绿色防控技术的驱动因素和制约因素，以期为进一步推动苹果绿色防控技术的扩散和推广提供理论支撑和政策依据。

第一节 引言

不规范使用化学农药是导致农业面源污染日益恶化、农业生态系统退化、水体以及土壤质量不断降低的根源之一（李昊等，2017）。人们创造和利用化学农药的初衷是提高农产品的质量和产量，但如今它却成为农产品质量、生态环境最大的威胁。绿色防控技术强调的是"预防为主、综合防治"，践行着"绿色植保"这一科学的理念，能够在很大程度上取代化学农药，从而降低其使用量，节省了农业生产成本，且对生态环境更加友好，在不以环境为代价的前提下，提升农产品质量和产量，为农业的可持续性发展奠定了扎实的基础，促进农户收入水平的进一步提高（Gao et al.，2019）。但就现状来看，绿色防控技术在国内并未得到广泛普及，导致农业难以在现代化、可持续性方向上加速前行（Gao et al.，2017a）。

农户是绿色防控技术的需求者、使用者以及受益者。很多学者在研究中指出，农户的社会网络、风险类型、外部激励、外部规制等因素是影响绿色防控技术推广的重要因素。基于此，本章充分借鉴现有的文献，从前人的观点中获取启示，利用2022年山东省烟台市、临沂市两市苹果种植户实地调查数据，选取社会网络、风险类型、信息网络三个变量作为核心解释变量，选取绿色防控技术是否采纳和采纳数量作为被解释变量，采用较前沿的内生处理效应回归模型（ETR）进行回归，整体考察不同要素影响苹果种植户绿色防控技术采纳影响因素分析及其影响路径分析。

第二节　农户采纳绿色防控技术行为的理论逻辑

绿色防控技术是一种新型的病虫害防控技术，农户对该类农业技术的采纳决策是多目标决策（Robison，1982；刘莹等，2010）。孔祥智等（2004）指出农户应用新技术的前提是他们认为新技术带来的净利润会超过当前技术，因此，新技术采纳决策是农户追求利润最大化目标的结果，本研究将该决策目标记为 $f(\cdot)$。此外，刘莹和黄季焜（2010）指出农户的新技术采纳会存在技术信息的非对称性、技术效果的不确定性等风险，因此，新技术采纳决策也是风险最小化目标的结果，本研究将该决策目标记为 $g(\cdot)$。除此之外，从机会成本角度看，农户倾向于将家庭劳动力配置到投入产出比更高的非农产业，以减少劳动力投入，因此，新技术采纳决策还是劳动力投入最小化目标的结果（Zeweld et al.，2017），本研究将该决策目标记为 $h(\cdot)$。基于以上讨论，本研究依据 Robinson（1982）的多目标效用理论，综合考虑利润最大化目标 $f(\cdot)$、风险最小化目标 $g(\cdot)$ 和劳动力投入最小化目标 $h(\cdot)$，构造农户采纳绿色防控技术的期望效用函数：

$$U = w_1 f(\cdot) + w_2 g(\cdot) + w_3 h(\cdot) \qquad (6-1)$$

式（6-1）中，U 为农户采纳绿色防控技术的期望效用；w_1、w_2 和 w_3

分别为农户在 f（·）、g（·）和 h（·）条件下的对应权重，由效用函数定义可知，$w_1>0$，$w_2<0$，$w_3<0$，且 $|w_1|+|w_2|+|w_3|=1$。农户采纳绿色防控技术可分为未采纳任一项、采纳单项和采纳多项等情形，无论选择哪种情形，农户决策的根本目标是一致的，即通过权衡利润、风险和劳动力投入的关系，实现期望效用最大化，选择的差别仅在于权重绝对值的相对大小。根据孔祥智等（2004）的农业技术采纳理论，构造农户绿色防控技术采纳的条件关系式：

$$pq(m)\tilde{e}(Z) - (w + r)m > p'f(m) - rm \qquad (6-2)$$

式（6-2）中，p 为采纳绿色防控技术后苹果的销售价格，p' 为未采纳绿色防控技术后苹果的销售价格，$q(\cdot)$ 表示采纳绿色防控技术后的生产函数，$f(\cdot)$ 表示未采纳绿色防控技术的生产函数，w 为采纳绿色防控技术所付出的额外成本，r 为生产苹果的不变成本，指的是无论是否采纳绿色防控技术均应投入的成本，m 为种植规模。$\tilde{e}(Z)$ 代表由于农户特征禀赋等影响采纳决策因素 Z 决定的主观风险函数，且有 $\tilde{e}(Z) \in [0, 1]$。考虑到价格、生产函数、成本等超过了农户的可控范围，属于外部因素，因此从农户角度探究技术采纳问题，实际上是探究和农户禀赋等因素相关的主观风险函数 $\tilde{e}(Z)$。

因 p，$g(m) > 0$，由式（6-2）可得：

$$\tilde{e}(Z) \geqslant \frac{p'f(m) - wm}{pq(m)} \qquad (6-3)$$

由于不等式右边的各个因素具有客观性，参考孔祥智（2004）的研究将其设定为某个未知的常数 T_0，也就是农户进行绿色防控技术采纳决策的主观风险函数的临界值为 T_0，式（6-3）可以替换为 $\tilde{e}(Z) \geqslant T_0$。设 Y 为技术采纳的因变量，若将 Y 简化为是否采纳的二项分布，即 $\tilde{e}(Z) \geqslant T_0$ 时 $Y=1$，否则 $Y=0$。可见，主观风险函数 $\tilde{e}(Z)$ 与 Y 的发生概率 $prob(Y)$ 之间存在因果关系，进而通过 $E(Y) = prob(Y) = e^z/(1 + e^z)$、$(dE(Y))/dZ = 1/((1 + e^z)^2 > 0)$ 可知，影响农户主观风险函数 $\tilde{e}(\cdot)$ 的不同禀赋 Z 对 $prob(Y = y)$ 存在着因果关系。

由于绿色防控技术是一个技术集合，包含物理防治、生物防治、生态防治和科学用药四个子技术类别，因此，本研究设 Y 为农户采纳绿色防控技术的子技术类别数量。考虑到绿色防控技术和子技术之间相互独立，没有必然联系，因此 Y 属于计数数据，若采用传统线性回归模型将导致有偏估计，应采用泊松模型、负二项模型、零膨胀泊松模型或零膨胀负二项模型等计数模型，这类模型属于广义线性模型，模型设定如下：

$$g(Y) = \beta_0 + \sum_{i=1}^{n} \beta_i X_i + u \tag{6-4}$$

式（6-4）中，$g(Y)$ 代表了计数模型的条件期望函数，X_i 为农户的第 i 项禀赋（其中包含影响主观风险函数 $\tilde{e}(Z)$ 的各个禀赋），u 为符合极值分布的随机变量，β_0、β_i 为待估计参数。

假设 $g(Y)$ 符合标准的泊松回归（后续研究将对其进行检验），$prob(Y = y) = C_n^y p^y (1-p)^{n-y}$，可以证明，$p$ 趋近于 0 时 n 趋近于正无穷，而 $np = \lambda > 0$ 时，此时概率的极限为泊松分布：

$$\lim_{n \to \infty}(Y = y) = \lim_{n \to \infty} C_n^y p^y (1-p)^{n-y} = \frac{e^{-\lambda} \lambda^y}{y!} \tag{6-5}$$

对于农户 k，被解释变量为 Y_k，假设 $Y_k = y_k$ 的概率由参数为 λ_k 的泊松分布决定：

$$P(Y_k = y_k \mid X_k) = \frac{e^{-\lambda_k} \lambda^{y_{kk}}}{y_k!} \tag{6-6}$$

式（6-6）中，$\lambda_k > 0$ 被称为"泊松到达率"，代表事件发生的平均次数，它和解释变量 X_k 相关。那么 Y_k 的条件期望函数为：

$$E(Y_k \vdash \mid X_k) = \lambda_k = \exp(X'_k \beta) \tag{6-7}$$

因此，$\ln \lambda_k = X'_k \beta$ 为对数线性模型。假定样本独立分布，则样本的似然函数为：

$$L(\beta) = \frac{\exp\left(-\sum_{k=1}^{m} \lambda_k\right) \cdot \prod_{k=1}^{m} \lambda_k^{y_k}}{\prod_{k=1}^{m} y_k!} \tag{6-8}$$

其对数似然函数为：

$$\text{Ln}L(\beta) = \sum_{k=1}^{m} (-\lambda_k + y_k \ln\lambda_k - \ln(y_k!))$$

(6-9)

$$= \sum_{k=1}^{m} (-\exp(X'_k\beta) + y_k X'_k\beta - \ln(y_k!))$$

最大化的一阶条件为：

$$\sum_{k=1}^{n} [y_k - \exp(X'_k\beta)] X_k = 0$$

(6-10)

通过计算可得第 k 个农户的第 i 个禀赋特征的待估计参数 $\hat{\beta}_{MLE}$。通过求解 $\hat{\beta}_{MLE}$ 可获得农户禀赋特征对其绿色防控技术采纳行为的影响作用。

一、社会网络与苹果种植户绿色防控技术采纳行为

社会网络对农户采纳绿色防控技术的影响路径主要有帮工支持、信息获取和互动学习三种机制（杨志海，2018）。一是帮工支持。农户绿色防控技术采纳行为和家庭劳动力禀赋、新技术所需投入的劳动力资源有关（杨志海，2015）。基于社会网络不同成员彼此间的合作，农户能够得到帮工支持（Scott，1976），确保农户在新技术应用方面能够投入更多的劳动力资源，进而增强其应用新技术的动机。二是信息获取。信息获取在很大程度上决定了农户应用新技术的意愿（周波，2010）。社会网络是重要的信息传播渠道，身处其中的农户能够更好地获取绿色防控技术相关信息（Conley et al.，2010）。从某种程度上来看，社会网络即为信息网络。在这一网络中，农户彼此间会就技术和市场等信息进行沟通，因亲缘、地缘、业缘关系的联结而变得频繁，使技术和市场信息能够更快地在更大范围内传播，提高了农户获取信息的效率，有效地节省信息获取成本（旷浩源，2014b）。所以，在社会网络的支撑下，农户可以更快、更全面地掌握绿色防控技术信息，在一定程度上缓解信息不对称，将应用绿色防控技术的交易成本控制在更低范围内，从而促进农户更多地应用绿色防控技术。三是互动学习。农业生产是比较复杂的，从播种到最终丰收需要较长的时间，因此绿色防控技术的学习需要投入较长的时间且持续动态地进行，且其应用效果难以准确地预测。随着社会网络的不断延伸，农户能够获取更广泛

的知识，在应用绿色防控技术的同时，能够得到外部的技术指导，有助于他们积累技术知识，为技术的推广创造了更好的条件（王格玲，2015）。除技术之外，社会网络还能够为农户提供物质以及资金方面的支持，增强农户积极尝试新技术的动机。

按照罗杰斯的创新扩散理论，技术扩散的关键因素在于信息交流以及传播渠道。技术的传播方式主要有两种，即专业群体主导的异质化沟通和相同群体之间的同质化沟通（李琪，2018）。因此，社会网络是农户获取技术信息的主要渠道，大量的信息需求者和传播者集中在这一网络中，他们在地理位置上相隔较近，因此信息的传播距离也比较短，能够弥补政府技术推广的不足，对农户的技术采纳决策有着重要的影响作用（Conley et al.，2010；王格玲等，2015；乔丹等，2017）。本书侧重于社会网络的信息获取机制，提出假说 H1。

H1：社会网络显著影响苹果种植户绿色防控技术的采纳。

绿色防控技术作为一项新型绿色农业技术，具有投入成本较高、承担风险较大和对采纳者知识水平要求较高等特性。相对于农户与非农户之间异质性更强的社会网络关系，农户之间的社会网络具有同质性特点，他们具有相近的个人特征、信息渠道和资本禀赋，例如以家人、亲戚为代表的亲缘社会网络和以邻居、朋友为代表的地缘社会网络。相对于异质性社会网络传递新技术信息具有的优势，同质性社会网络在传递情感、信任和影响力方面的作用更强，如果绿色防控技术在采纳的"先行者"农户群体内获得了良好的效果，形成了较好的口碑，通过社会网络的互动学习机制，"先行者"农户可以传递信任和影响力，带动其他农户采纳绿色防控技术，促进技术的传播和扩散。另外，绿色防控技术是一种技术密集型防控手段，其关键是科学使用和成本投入，社会网络的帮工支持机制对绿色防控技术的采纳影响可能主要体现在"先行者"农户的示范作用。因此，本书提出假说 H1a。

H1a：以亲戚、朋友联系为代表的亲缘地缘社会网络能显著正向影响苹果种植户绿色防控技术的采纳。

农户的业缘社会网络联系符合格兰诺维特的弱关系理论中对弱关系的

定义，具有较强的异质性，农技员、农业专家、农资销售商和农产品收购商等主体符合结构洞的特点，拥有信息优势和控制优势。技术型业缘社会网络以农技员和农业专家为代表，成本型业缘社会网络以农资销售商为代表，利润型业缘社会网络以农产品收购商为代表，农户与这些"结构洞"的交流推动技术以及市场信息更加高效地传播，使农户能够更快、更方便地获取信息，有效节省信息费用（旷浩源，2014a）。另外，按照结构洞理论，占据更多社会网络节点的主体所产生的信息优势和控制优势，可能对农户造成不利影响，比如农资销售商会对农户宣传化学农药的效果以推销自家产品，甚至可能宣传绿色防控技术的负面效果（这一宣传通常是不实的），以防止绿色防控技术对化学农药的替代作用影响农药的销售；如果没有相应的认证机制，农产品收购商并不能为采纳绿色防控技术的农户提高售价，从而产生了一定程度上的"柠檬市场"效应，绿色防控技术对农户的帮助仅存在于产量和产品品质的提高，而不能提供认证溢价或技术溢价，从而导致净收益不确定（黄炎忠等，2018）。因此，业缘社会网络对农户采纳绿色防控技术的影响是复杂的，可能产生不同方向的显著影响，进而本书提出以下假说。

H1b：以农技联系为代表的业缘技术型社会网络会促进苹果种植户绿色防控技术的采纳。

H1c：以农资销售方联系为代表的业缘成本型社会网络会抑制苹果种植户绿色防控技术的采纳。

H1d：以苹果收购方联系为代表的业缘利润型社会网络会抑制苹果种植户绿色防控技术的采纳。

二、风险类型与苹果种植户绿色防控技术采纳行为

农户固然看重经济效益，但在生产决策时，也会考虑风险这一问题。风险厌恶型农户对于新技术往往都会表现出审慎性，有时会做出从表面上看不合理，但背后却是"避免灾难"的初衷的决策（李景刚等，2014）。农户采纳绿色防控技术的主要风险在于净收入存在一定的随机性，且技术操作可能是不规范的，难以充分发挥新技术的作用和价值（高杨等，

2019)，但对于苹果种植来说，生物农药等绿色防控技术是普通病虫害防控技术的有效补充，若不采纳该类技术将有很大的可能性降低苹果的产量和品质，进而影响农户的种植收入，苹果种植户对绿色防控技术的选择类似于农业保险，投入较少成本可以防范病虫害可能会带来巨大损失，农户需衡量收益和损失情况才能做出理性决断。因此，本书提出假说 H2。

H2：苹果种植户的风险类型显著影响苹果种植户绿色防控技术的采纳。

根据由丹尼尔·卡内曼等建立的展望理论（prospect theory），苹果种植户的技术采纳决策取决于结果与展望（预期、设想）的差距，即采纳绿色防控技术进行决策后病虫害的损害程度（或苹果的产量和产值）预期和现实的差距，而非技术是否有效这个结果本身。苹果种植户在决策的过程中，会在内心中设定参考点（reference point），并评估应用新技术的结果能否超过这一参考点。如果评估认为收益会高于参考点，此时做出风险厌恶型决策的倾向更加显著，也就是说会选择确定的小收益；如果评估认为收益会低于参考点，此时做出风险偏好型决策的倾向更加显著，从而避免损失。其函数表达形式为：

$$\Delta U = \frac{\sum_i v(x_i - r)w(p_i)}{\sum_i w(p_i)} \tag{6-11}$$

式（6-11）中，x_i 为第 i 种可能的收益，p_i 为发生的概率，r 为参考点，$v(\cdot)$ 为价值函数，$w(\cdot)$ 为概率比重函数。价值函数曲线 $v(x)$ 经过参考点 $(r, 0)$ 并形成 S 形曲线。概率比重函数 $w(p)$ 通常有 $w(p) = p^\alpha$，$0 < \alpha \le 1$，它所揭示的是个体对小概率的过敏程度。风险感知敏感程度如图 6.1 所示。

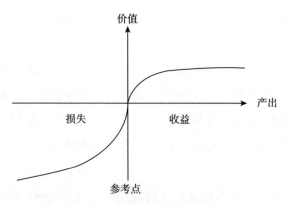

图 6.1   风险感知敏感程度

价值曲线 $v(x)$ 是不对称的，这也说明了一个损失结果减少价值的绝对值大于获利结果增加的绝对值，通俗来说就是个体存在损失厌恶型。这一点在期望效用理论中得到了证明。二者的不同点在于展望理论中的 ΔU 和参考点 r 直接相关，并非来源于绝对，因此人具有非理性的特征。除此之外，人对于概率的反应表现出非线性的特点，对于小概率会反应过敏，对大概率则会估计不足。

因此，当苹果种植户考虑绿色防控技术可以实现苹果的优质优价，或者考虑到提高果品质量从而提高一等果和二等果的占比、降低三等果和劣等果的占比进而提升产值时，苹果种植户会在面临获利的情况下表现出风险厌恶的特征；当苹果种植户考虑到绿色防控技术充当一般病虫害防控技术的"保险"或替补方案时，而现实情况是病虫害普遍发生并且会大大影响苹果的产量和果品时，苹果种植户会在面临损失的情况下表现出损失厌恶的特征。前者是前景理论中的确定效应，即在确定的收益和"赌一把"之间选择确定的收益，后者是前景理论中的反射效应，即在确定的损失和"赌一把"之间选择"赌一把"。另外，前景理论中的小概率迷恋也会影响苹果种植户面对该条件约束下的选择，即使小概率事件很少发生，很多人还是热衷于买彩票、买保险。基于此，本书提出以下假说。

H2a：风险规避的苹果种植户会偏好于绿色防控技术的采纳。

H2b：相信小概率事件发生的苹果种植户会偏好于绿色防控技术的采纳。

H2c：损失厌恶的苹果种植户会偏好于绿色防控技术的采纳。

第三节　模型构建与变量选择

一、模型构建

1. 绿色防控技术采纳的影响因素分析：零膨胀泊松回归与负二项回归

绿色防控技术采纳数量为计数数据，如果选择传统线性回归模型会造成有偏估计的问题，再加上绿色防控技术采用是互不影响的，基于这一点采用计数模型。在现实中应用比较广泛的计数模型包括了泊松回归和负二项回归，二者的不同点是样本分布的期望和方差是相等的这一假设存在与否，若相等则采用泊松回归，模型设定如下：

$$P(Y_i \mid X_i) = \frac{e^{-\lambda_i}\lambda^{Y_{ii}}}{Y_i!} , Y_i = 0, 1, 2, 3, 4 \qquad (6-12)$$

式（6-12）中，Y_i 代表农户的绿色防控技术采纳子技术类别数量，X_i 代表影响农户绿色防控技术采纳的禀赋特征，λ_i 为"泊松到达率"，它的含义是各个解释变量决定的事件发生次数。

如果方差超过了期望，代表严重分散，在这种情况下应进行负二项回归，具体而言就是在式（6-12）中加入 ε_i，从而对不可观测部分和个体异质性进行控制，设定如下：

$$P(Y_i \mid X_i, \varepsilon_i) = \frac{e^{-\lambda_i}\lambda^{Y_{ii}}}{Y_i!} , Y_i = 0, 1, 2, 3, 4 \qquad (6-13)$$

要在两种模型中做出合适的选择，关键是对负二项回归后进行 LR 检验，其原假设为"不存在过度分散，应使用泊松回归"。如果原假设是成立的，采用泊松回归，否则就采用负二项回归。

考虑到样本数据中 Y_i 包含众多的"0"值，所以初步选择"零膨胀泊松回归"（ZIP）或"零膨胀负二项回归"（ZINB）。单从理论层面来看，整个决策过程包括了两个环节。首先，决定"取0"（无）或"取正整数"

（有），这相当于二值选择，即农户是否采纳绿色防控技术。其次，如果决定"取正整数"，则进一步确定选择哪个正整数，即农户采纳几种绿色防控技术。为此，假定被解释变量 Y_i 服从以下"混合分布"（mixed distribution）：

$$\begin{cases} P(Y_i = 0 \mid X_i) = \theta \\ P(Y_i = j \mid X_i) = \dfrac{(1-\theta)e^{-\lambda_i}\lambda_i^j}{j!\,(1-e^{-\lambda_i})} \end{cases} \qquad (6-14)$$

式（6-14）中，$\lambda_i = \exp(X'_i\beta)$，而 $\theta > 0$ 与 β 为待估计参数。可以证明，$\sum_{j=0}^{\infty} P(Y_i = j \mid X_i) = 1$。因此，这是一个离散随机变量的分布律。进一步，我们令 θ 依赖于解释变量 Z_i（Z_i 可以等于 X_i 或与 X_i 有重叠部分），通过 Logit 模型进行估计，也就是 $Y_i = 0$ 或 $Y_i > 0$。利用 MLE 完成对上述模型的估计，由此确定"零膨胀泊松回归"。

类似，可以定义"零膨胀负二项回归"。

2. 绿色防控技术采纳的影响强度分析：Ordered Probit 模型

农户采纳绿色防控技术的项目数量对采纳概率的提升具有"叠加效应"，不同绿色防控技术间相关性的影响具有异质性（毛欢等，2021），本研究的因变量是苹果种植户采纳绿色防控技术子技术类别的数量，其值为 0、1、2、3、4，且不同技术细类的采纳难度和成本存在递进关系，这是存在明显递进关系的有序多分类变量。所以，在这里选择 Ordered Probit 模型对农户绿色防控技术的采纳强度进行估计。其回归模型为：

$$GCT_i^* = \alpha_0 + \alpha_1 X_i + \alpha_2 Control_i + \varepsilon_i \qquad (6-15)$$

式（6-15）中，GCT_i^* 为不可观测的潜变量，X_i 为核心解释变量，包括社会网络、风险类型、信息网络等，$Control_i$ 为控制变量，包括苹果种植户个体特征、种植经营特征、家庭特征、村庄特征等。α_0、α_1、α_2 为待估参数，ε_i 为服从正态分布的随机扰动项。GCT 和不可观测的潜变量 GCT_* 之间存在以下关系：

$$GCT_i = \begin{cases} 0, & \text{若 } GCT_* \leqslant r_1 \\ 1, & \text{若 } r_1 < GCT_* \leqslant r_2 \\ 2, & \text{若 } r_2 < GCT_* \leqslant r_3 \\ 3, & \text{若 } r_3 < GCT_* \leqslant r_4 \\ 4, & \text{若 } GCT_* \geqslant r_4 \end{cases} \tag{6-16}$$

式（6-16）中，r_1、r_2、r_3、r_4 代表苹果种植户绿色防控技术采纳行为变量的切入点，根据模型估计就能够确定，且 $r_1 < r_2 < r_3 < r_4$。

$$P(GCT = 0 \mid X, \beta) = (GCT^* \leqslant r_1 \mid X, \beta)$$
$$= \Phi(r_1 - X\beta) \tag{6-17}$$

$$P(GCT = 1 \mid X, \beta) = (r_1 < GCT^* \leqslant r_2 \mid X, \beta)$$
$$= \Phi(r_2 - X\beta) - \Phi(r_1 - X\beta) \tag{6-18}$$

$$P(GCT = 2 \mid X, \beta) = (r_2 < GCT^* \leqslant r_3 \mid X, \beta)$$
$$= \Phi(r_3 - X\beta) - \Phi(r_2 - X\beta) \tag{6-19}$$

$$P(GCT = 3 \mid X, \beta) = (r_3 < GCT^* \leqslant r_4 \mid X, \beta)$$
$$= \Phi(r_4 - X\beta) - \Phi(r_3 - X\beta) \tag{6-20}$$

$$P(GCT = 4 \mid X, \beta) = (GCT^* \geqslant r_4 \mid X, \beta)$$
$$= 1 - \Phi(r_4 - X\beta) \tag{6-21}$$

这里面，$\Phi(\cdot)$ 代表 ε 的标准正态分布的累积密度函数，其对数似然函数为 $L = \prod_{i=1}^{N} \prod_{j=1}^{J} \left[\Phi(r_j - x^{i\prime} \alpha) - \Phi(r_{j-1} - x^{i\prime} \alpha) \right]^{d_{ij}}$。

两边取自然对数，得出 $\ln L = \sum_{i=1}^{N} \sum_{j=1}^{J} d_{ij} \ln \left[\Phi(r_j - x^{i\prime} \alpha) - \Phi(r_{j-1} - x^{i\prime} \alpha) \right]$。然后对 α 求导并令其为 0，获取模型参数的极大似然解。

二、数据来源

本研究数据来源于 2022 年 1—2 月和 2022 年 7—8 月对山东省烟台市和临沂市 1 省 2 市 5 县（区）20 个行政村的问卷调查。调研方式为"一对一"访谈形式，调研设计及基本的样本分布等情况详见第三章第三节，此处不再赘述。

三、变量设置及说明

（一）被解释变量

本研究被解释变量为苹果种植户的绿色防控技术采纳行为。苹果作物的绿色防控技术是内容多样化的集合。按照《2019 年植保植检工作要点》的相关内容，综合考虑调研区域苹果生产中绿色防控技术的实践现状，笔者在本课题中从生态调控、生物防治、物理防治、科学用药 4 类中挑选技术作为绿色防控技术集的元素：生态调控选择嫁接或栽培抗病品种以及合理混栽；生物防治选择使用生物农药（阿维菌素、多抗霉素、井冈霉素、部分酰脲类杀虫剂等）；物理防治选择使用杀虫灯、粘虫板或捕虫网等；科学用药选择更替农药，且使用存在一定的安全间隔期。除此之外，为对苹果种植户绿色防控技术采纳进行量化分析，参考杨志海（2018）、仇焕广等（2020）、彭新慧（2022）等学者的做法，通过采纳绿色防控技术的类别数量来量化评价苹果种植户采纳行为。

（二）解释变量

根据已有研究成果（应瑞瑶等，2014；储成兵，2015a；陈欢等，2018；Sun et al.，2018；张利国等，2019；刘家成等，2019；Baiyegunhi et al.，2019；李成龙等，2020；谢琳等，2020），本研究将影响绿色防控技术采纳行为的因素划分为户主技术采纳特征、户主特征、家庭特征、经营特征、村级特征 5 类 28 个变量。具体来看，其一，户主技术采纳特征是社会网络、风险类型、信息网络三个变量集合，社会网络划分为亲缘和地缘、技术型业缘、成本型业缘、利润型业缘关系，风险类型（区分方式详见 3.3.2）划分为风险规避、小概率事件信任、损失厌恶，信息网络划分为智能手机使用、手机使用频率、互联网使用（以是否享受宽带网络服务为标准）。其二，户主特征包含年龄、性别、受教育程度、是否参加合作社、健康状况、三年内参加培训次数 6 个变量；其三，家庭特征包括家庭人数、家庭年收入、非苹果种植收入占比 3 个变量；其四，经营特征包括种植面积、土壤质量、细碎化程度、种植年限 4 个变量；其五，村级特征包括城镇距离、灌溉条件、道路情况、农业补贴 4 个变量。

四、描述性统计分析

表 6.1 汇报了本研究实证部分所使用变量的变量名称、变量定义和各变量的描述性统计数据。可知，共 186 位受访苹果种植户在苹果种植过程中未采纳任何绿色防控技术，约占总样本的 45.5%，其他 223 位受访苹果种植户至少采纳一种绿色防控技术，约占 56.6%，样本全部苹果种植户平均采纳 1.227 类绿色防控技术，"采纳 1 类""采纳 2 类""采纳 3 类""采纳 4 类"的比例依次为 8.80%、27.63%、13.69%、4.40%；样本内户主近 96.82% 为男性，年龄均值为 55.232 岁，受教育年限均值为 8.112 年，有 51.8% 的户主参加了合作社，近三年来参加农业技术培训会平均 2 次；受访种植户中有 189 人为风险厌恶型，占比 46.21%；有 106 人为小概率事件信任型，占比 25.92%；有 251 人为损失厌恶型，占比 61.37%；苹果种植户与农技员/农业专家交流程度相对较低，选择比较多和非常多的农户家庭占比为 51.59%，低于与亲戚/朋友交流程度和与农资销售商交流程度的 76.29%、65.28%，仅略高于与苹果收购商交流程度的 45.97%。

表 6.1　变量定义及描述性统计

变量名称	变量定义	均值	标准差
被解释变量			
绿色防控技术采纳行为	苹果种植过程中，是否采纳绿色防控技术：1＝是；0＝否	0.545	具体分布参见第三章第二节
绿色防控技术采纳程度	苹果种植过程中，采纳绿色防控技术的类别数量（种）：0-4	1.227	具体分布参见第三章第二节
解释变量			
信息获取渠道	社会网络		
亲缘和地缘关系	与亲戚和朋友联系和交流的密切程度：1-5 表示密切程度由很不密切到非常密切	3.941	0.932
技术型业缘关系	与农技员、农业专家联系和交流的密切程度：1-5 表示密切程度由很不密切到非常密切	3.359	1.012

变量名称	变量定义	均值	标准差
成本型业缘关系	与农资销售商联系和交流的密切程度：1-5 表示密切程度由很不密切到非常密切	3.655	0.993
利润型业缘关系	与苹果收购商联系和交流的密切程度：1-5 表示密切程度由很不密切到非常密切	3.200	1.111
风险类型			
风险规避	风险规避类型：1=是；0=否	0.462	0.499
小概率信任	是否相信小概率事件会发生：1=是；0=否	0.259	0.438
损失厌恶	是否对损失敏感且厌恶损失：1=是；0=否	0.613	0.487
信息获取渠道	信息网络		
智能手机使用	是否使用智能手机：1=是；0=否	0.890	0.313
手机使用频率	日常使用手机的频繁程度：1-5 表示频繁程度由很不频繁到非常频繁	3.234	1.202
互联网使用	是否购买和享受宽带网络服务：1=是；0=否	0.910	0.287
户主特征			
年龄	户主实际年龄（周岁）	55.232	9.854
性别	户主性别：1=男；0=女	0.968	0.176
受教育程度	受教育年限（年）	8.112	2.793
健康状况	户主健康程度自评：1-5 表示健康程度由非常不健康到非常健康	3.936	0.793
村干部身份	户主的村干部身份情况：1=是；0=否	0.064	0.244
技术培训会	家庭成员近三年参加农业技术培训会次数	2.207	1.566
家庭特征			
家庭人数	日常居住在一起，花销共摊的家庭人口数量	3.004	1.102
种植年限	家庭种植苹果的年限（年）	21.745	11.820
参加合作社	参加合作社情况：1=是；0=否	0.518	0.500
去年收入情况	2021 年大概的净收入（万元，取对数值）	10.743	0.761
经营特征			
种植面积	苹果果园的面积（亩）	6.289	6.755
土壤质量	果园土壤质量自评：1-3 表示由较差到较好	2.190	0.579

续表

变量名称	变量定义	均值	标准差
细碎化程度	果园土地块数/果园面积（亩），即每亩块数	0.654	0.529
村级特征			
城镇距离	村庄距离乡镇的距离（千米）	4.241	3.132
灌溉条件	村庄灌溉是否便利的情况：1＝是；0＝否	0.867	0.338
道路情况	村庄道路是否便利的情况：1＝是；0＝否	0.946	0.225
农业补贴	村庄是否有农业补贴的情况：1＝是；0＝否	0.334	0.472
地区虚拟变量	村庄所属城市：1＝烟台；0＝临沂	0.388	0.488

数据来源：根据调研数据整理所得。

其中，农户采纳绿色防控技术的具体情况可参见第三章第三节，如图 6.2 所示。

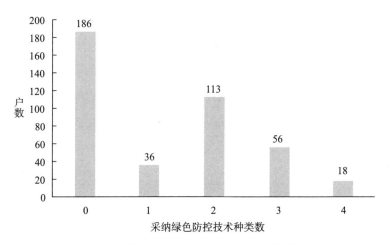

图 6.2　受访种植户总样本的绿色防控技术采纳情况

数据来源：根据调研数据整理所得。

第四节　农户绿色防控技术采纳
行为影响因素分析的实证结果

一、农户绿色防控技术采纳响应分析

首先，对被解释变量绿色防控技术采纳数量进行过度离散检验，判断基准回归模型应采纳泊松回归抑或负二项回归。结果如表 6.2 所示，t 值为 -1.21，不能拒绝不存在"过度离散"现象的原假设，应采用泊松回归模型。本研究基准模型分析将采用泊松回归模型的结果。其次，根据图 6.2 可知，样本中存在大量的"0"值，占比为 45.5%，数据存在"零膨胀"现象，应采纳零膨胀模型。另外，基准模型使用零膨胀负二项回归时，得到 LR test of alpha $=-0.04$，$p=0.965$，说明不存在"过度离散"现象，更加验证了本研究应采纳泊松回归。因此本部分研究将采纳零膨胀泊松回归作为基准回归模型。

表 6.2　绿色防控技术采纳数量：过度离散检验

GCT	系数	标准差	t 值	$P> \mid t \mid$	95%置信区间	
Uhat	-0.051	0.042	-1.21	0.228	$[-0.134$	$0.032]$

注：使用 stata15 获得的检验结果。

基准回归的结果如表 6.3 所示。检验结果显示，模型整体拟合效果较好（Log likelihood $=-485.3294$，$p=0.000$），自变量的作用方向基本与预期假设相同。另外，零膨胀泊松模型的系数包括两个部分，一部分是基准的泊松回归结果，另一部分是解释"零膨胀"出现原因的 Logit 回归。零膨胀模型中泊松回归部分的系数解释与标准泊松回归的解释相同，即回归系数是农户禀赋和特征对绿色防控技术采纳事件发生次数期望的对数（log-rate），一般以发生率之比（Incidence Rate Ratio，IRR，即 e^{β}）来分析自变量是如何变化的，也就是在其他变量不变的情况下，自变量每变化一个单位或标准差，因变量变化的百分比，可以直接测量和比较自变量对绿色防控技术采纳影响的相对重要性。为了更好地反映农户不同禀赋对其绿色防控技术采纳的响应程度，表 6.3 中同时展示了发生率之比以及发生百分比。

表 6.3 苹果种植户绿色防控技术采纳行为：基准回归

系数	ZIP 模型		
	回归系数	发生率之比	发生百分比
亲缘和地缘关系	0.108＊＊ （0.052）	1.114＊＊ （0.058）	11.44%
技术型业缘关系	0.132＊＊ （0.066）	1.141＊＊ （0.075）	14.12%
成本型业缘关系	−0.044 （0.060）	0.957 （0.057）	−4.27%
利润型业缘关系	−0.152＊＊ （0.059）	0.859＊＊ （0.051）	−14.08%
风险规避型	0.147 （0.110）	1.159 （0.128）	15.88%
小概率事件信任型	0.142 （0.133）	1.152 （0.153）	15.22%
损失厌恶型	0.269＊＊ （0.123）	1.308＊＊ （0.161）	30.84%
智能手机使用	0.097 （0.188）	1.101 （0.207）	10.13%
手机使用频率	−0.106＊＊ （0.048）	0.900＊＊ （0.043）	−10.02%
互联网使用	0.196 （0.201）	1.217 （0.245）	21.70%
年龄	0.001 （0.007）	1.001 （0.007）	0.06%
性别	−0.209 （0.431）	0.811 （0.349）	−18.87%
受教育程度	0.061＊＊＊ （0.016）	1.063＊＊＊ （0.017）	6.29%
健康状况	−0.053 （0.057）	0.948 （0.054）	−5.18%
村干部身份	−0.053 （0.202）	0.948 （0.191）	−5.18%

系数	ZIP 模型		
	回归系数	发生率之比	发生百分比
参加技术培训次数	0.053 * (0.028)	1.055 * (0.029)	5.46%
加入合作社	−0.123 (0.117)	0.884 (0.104)	−11.62%
家庭人口数量	−0.032 (0.053)	0.968 (0.051)	−3.17%
苹果种植年限	0.004 (0.005)	1.004 (0.005)	0.42%
去年收入情况	0.054 (0.097)	1.055 (0.102)	5.50%
果园种植面积	−0.014 (0.009)	0.986 (0.009)	−1.39%
果园土壤质量	−0.087 (0.076)	0.917 (0.070)	−8.33%
果园细碎化程度	−0.026 (0.150)	0.974 (0.146)	−2.59%
城镇距离	−0.030 (0.021)	0.970 (0.021)	−3.00%
灌溉条件	−0.143 (0.143)	0.867 (0.124)	−13.33%
机耕路状况	0.014 (0.245)	1.015 (0.249)	1.46%
农业补贴情况	0.770 *** (0.125)	2.159 *** (0.269)	115.93%
地区虚拟变量	已控制		
常数项	−1.048 (1.256)	—	—
膨胀因子（inflate）			
亲缘和地缘关系	1.058 (0.734)		
技术型业缘关系	1.473 * (0.894)		
成本型业缘关系	0.933 (0.604)		

系数	ZIP 模型		
	回归系数	发生率之比	发生百分比
利润型业缘关系	0.235 (0.683)		
风险规避型	0.463 (1.103)		
损失厌恶型	-0.516 (1.782)		
智能手机使用	1.299 (2.035)		
互联网使用	-0.477 (2.022)		
去年收入状况	-4.829** (1.942)		
常数项	32.456* (17.508)		

注：*、**、***分别表示在 10%、5%、1%的显著水平；括号内数值代表标准误；在回归分析之前，完成了变量的共线性检验，排除了自变量存在多重共线性的可能。

实证模型结果的分析如下。

从社会网络特征来看，亲缘和地缘关系对农户采纳绿色防控技术具有5%显著性水平的正向影响。农户的亲缘和地缘关系每密切一个单位，采纳绿色防控技术的响应频次提高 11.44%，这表明同质性社会网络对农户采纳绿色防控技术具有正向影响作用，假说 H1a 得以验证。技术型业缘关系对农户采纳绿色防控技术具有 5%显著性水平的正向影响。农户的技术型业缘关系特征每密切一个单位，采纳绿色防控技术的响应频次提高14.12%，这表明技术型业缘关系对农户采纳绿色防控技术具有正向影响作用，假说 H1b 得以验证。利润型业缘关系对农户采纳绿色防控技术具有5%显著性水平的负向影响。农户的利润型业缘关系特征每密切一个单位，采纳绿色防控技术的响应频次降低 14.08%，这表明利润型业缘关系对农户采纳绿色防控技术具有负向影响作用，假说 H1d 得以验证。成本型业缘关系和农户采纳绿色防控技术不存在显著的关联，假设 H1c 没有得证。可能的原因在于，农户与农资销售商的联系仅限于买卖农资产品，未进行关于绿色防控技术的相关沟通和交流，绿色防控技术的有效信息未从农资销售商这一渠道向其他农户传播和扩散。

从户主的风险类型特征来看，农户的损失厌恶特征对采纳绿色防控技术响应频次具有5%显著的正向影响，即具有损失厌恶特征的农户比其他农户采纳绿色防控技术的频次要高30.84%，而风险规避特征和小概率事件信任特征并不具有显著影响，假说H2c得到验证。这一结果与现有文献的结果有所不同，现有文献多数未考虑农户的损失厌恶特征，在只关注农户风险偏好或风险规避特征的视角下得出了农户的风险规避特征显著正向影响了其绿色生产技术的采纳。本研究将风险特征研究视角拓宽，将小概率事件信任特征和损失厌恶特征纳入风险类型研究框架，认定小概率事件信任特征和损失厌恶特征也可能影响农户对绿色防控技术采纳的主观风险函数。结果显示，在控制了损失厌恶特征和小概率信任特征后，风险规避特征对农户的绿色防控技术采纳不具有显著的影响作用。而损失厌恶特征可以显著地影响绿色防控技术采纳事件的响应频次，说明了相对于风险规避特征，农户的损失厌恶特征才是影响其绿色防控技术采纳行为的核心因素。

从农户的信息网络来看，农户的智能手机使用特征、互联网使用特征的系数未通过显著性检验，而手机使用频率特征在5%显著性水平下负向影响了农户的绿色防控技术采纳响应频次。这一结果说明，智能手机的使用和互联网的使用未对农户的绿色防控技术采纳起到促进作用，移动端和网络电视端的绿色防控技术宣传比较不足，需要政府和农技推广机构加以重视，充分利用短视频、自媒体和电视节目等信息网络媒介对绿色防控技术实施宣传。

从农户的其他特征和禀赋来看，受教育程度、参加技术培训次数和农业补贴情况分别在1%、10%和5%显著性水平下正向影响了农户采纳绿色防控技术的响应频次，其他特征和禀赋的影响并不显著。农户的受教育程度特征每提高一个单位，采纳绿色防控技术的响应频次提升6.29%，这很好理解，绿色防控技术作为一种知识密集型技术的集合，需要采纳者具有一定的科学知识素养，农户的受教育程度越高，越容易理解和学习绿色防控技术的操作规程和使用规范。农户参加技术培训会的次数每提升一个单位，采纳绿色防控技术的响应频次提升5.46%。这也很好理解，参加技术培训会次数越多，越容易获得绿色防控技术的相关信息。村庄的农业补贴情况每提升一个单位，农户的绿色防控技术采纳的响应频次提升115.93%。这充分说明了农业补贴对农户绿色防控技术采纳的重要促进作用，绿色防控技术作为一种知识密集和资本密集双密集型技术，信息获取是农户采纳的一个重要推动力量，政府的资金支持可以为农户提供采纳绿色防控技术的基础成本，政府的重视和推动是农户采纳绿色防控技术的另一重要动力。

二、基于"叠加效应"视角的技术采纳分析

考虑到农户采纳绿色防控技术的项目数量对采纳概率的提升具有"叠加效应"（毛欢等，2021），本部分研究的因变量为苹果种植户采纳绿色防控技术子技术类别的数量，取值为0、1、2、3、4，且不同技术细类的采纳难度和成本存在递进关系，属于存在明显递进关系的有序多分类变量。参考已有文献（罗明忠等，2021；马千惠等，2022；张慧仪，2020；赵秋倩，2021），也可以采用Ordered Probit模型对农户绿色防控技术采纳进行估计，这一方法既可以获得不同禀赋和特征对农户不同采纳数量行为发生概率的边际影响，又可以对基准回归（零膨胀泊松回归模型）进行补充，检验基准回归的稳健性。

（一）农户绿色防控技术采纳的影响因素分析

表6.4反映了绿色防控技术采纳行为的影响因素分析的有序Probit模型估计结果。其中，第2列、第3列展示了剔除部分控制变量后的实证结果，第4列、第5列展示了与基准模型变量选择相同情况下的实证结果。实证模型结果表明，各个影响因素对苹果种植户的绿色防控技术采纳具有结果相近的影响系数和显著性。因此，基准模型对于苹果种植户绿色防控技术采纳影响因素分析的估计结果是稳健的。

表 6.4　苹果种植户绿色防控技术采纳行为：替补模型

变量	Ordered Probit 模型	
	回归（1）：剔除部分变量	回归（2）：包含全部变量
亲缘和地缘关系	0.119*	0.119*
	(0.068)	(0.071)
技术型业缘关系	0.188**	0.196**
	(0.082)	(0.087)
成本型业缘关系	−0.091	−0.124
	(0.077)	(0.080)
利润型业缘关系	−0.231***	−0.206***
	(0.068)	(0.072)
风险规避型	0.187	0.196
	(0.131)	(0.134)
小概率事件信任型	0.265	0.274
	(0.171)	(0.174)
损失厌恶型	0.416***	0.397***
	(0.142)	(0.146)
智能手机使用	0.145	0.108
	(0.241)	(0.250)
手机使用频率	−0.135**	−0.150**
	(0.056)	(0.061)
互联网使用	0.359	0.406
	(0.241)	(0.255)
年龄	0.008	0.008
	(0.008)	(0.009)
性别	0.347	0.170
	(0.415)	(0.445)
受教育程度	0.102***	0.101***
	(0.024)	(0.025)
健康状况	−0.133*	−0.104
	(0.076)	(0.079)
村干部身份	−0.302	−0.243
	(0.254)	(0.258)
参加技术培训次数	0.079**	0.101**
	(0.037)	(0.040)
加入合作社	−0.374**	−0.270
	(0.148)	(0.156)

变量	Ordered Probit 模型	
	回归（1）：剔除部分变量	回归（2）：包含全部变量
家庭人口数量		-0.042
		(0.066)
苹果种植年限		0.002
		(0.006)
去年收入情况		0.448***
		(0.108)
果园种植面积		-0.030***
		(0.011)
果园土壤质量		-0.168
		(0.104)
果园细碎化程度		0.023
		(0.169)
城镇距离		-0.037
		(0.027)
灌溉条件		-0.265
		(0.186)
机耕路状况		0.026
		(0.287)
农业补贴情况	1.004***	1.077***
	(0.154)	(0.163)
地区虚拟变量	已控制	已控制
样本量	409	409
LR chi2	213.54***	238.79***
PseudoR2	0.1952	0.2183

注：*、**、***分别表示在10%、5%、1%的显著水平；括号内数值为标准误。

（二）农户绿色防控技术采纳强度的边际效应分析

借助 Ordered Probit 模型考察各影响因素对苹果种植户绿色防控技术采纳强度影响的边际效应。相关回归结果如表6.5所示。

表 6.5 苹果种植户绿色防控技术采纳的边际效应分析

变量	系数	边际效应				
		0	1	2	3	4
亲缘和地缘关系	0.119* (0.071)	−0.031* (0.018)	0.000 (0.000)	0.010* (0.006)	0.011* (0.007)	0.010* (0.006)
技术型业缘关系	0.196** (0.087)	−0.051** (0.023)	0.000 (0.001)	0.016** (0.007)	0.018** (0.008)	0.017** (0.008)
成本型业缘关系	−0.124 (0.080)	0.033 (0.021)	0.000 (0.000)	−0.010 (0.007)	−0.012 (0.008)	−0.011 (0.007)
利润型业缘关系	−0.206*** (0.072)	0.054*** (0.018)	0.000*** (0.001)	−0.017*** (0.006)	−0.019*** (0.007)	−0.018*** (0.007)
风险规避型	0.196 (0.134)	−0.051 (0.035)	0.000 (0.001)	0.016 (0.011)	0.018 (0.013)	0.017 (0.012)
小概率信任型	0.274 (0.174)	−0.072 (0.045)	0.000 (0.001)	0.022 (0.014)	0.026 (0.017)	0.024 (0.015)
损失厌恶型	0.397*** (0.146)	−0.104*** (0.038)	0.000 (0.001)	0.032*** (0.012)	0.037*** (0.014)	0.034** (0.013)
智能手机使用	0.108 (0.250)	−0.028 (0.066)	0.000 (0.000)	0.009 (0.020)	0.010 (0.024)	0.009 (0.022)
手机使用频率	−0.150** (0.061)	0.039** (0.016)	0.000 (0.001)	−0.012** (0.005)	−0.014** (0.006)	−0.013** (0.005)
互联网使用	0.406 (0.255)	−0.106 (0.067)	0.000 (0.001)	0.033 (0.021)	0.038 (0.024)	0.035 (0.022)
年龄	0.008 (0.009)	−0.002 (0.002)	0.000 (0.000)	0.001 (0.001)	0.001 (0.001)	0.001 (0.001)
性别	0.17 (0.445)	−0.044 (0.116)	0.000 (0.001)	0.014 (0.036)	0.016 (0.042)	0.015 (0.038)
受教育程度	0.101*** (0.025)	−0.026*** (0.006)	0.000 (0.000)	0.008*** (0.002)	0.010*** (0.002)	0.009*** (0.002)
健康状况	−0.104 (0.079)	0.027 (0.021)	0.000 (0.000)	−0.008 (0.007)	−0.010 (0.007)	−0.009 (0.007)
村干部身份	−0.243 (0.258)	0.064 (0.067)	0.000 (0.001)	−0.020 (0.021)	−0.023 (0.024)	−0.021 (0.022)
技术培训会	0.101** (0.040)	−0.027** (0.010)	0.000 (0.000)	0.008** (0.003)	0.010** (0.004)	0.009** (0.004)
家庭人数	−0.27 (0.156)	0.071 (0.041)	0.000 (0.001)	−0.022 (0.013)	−0.025 (0.015)	−0.023 (0.014)

续表

变量	系数	边际效应				
		0	1	2	3	4
家庭种植年限	−0.042 (0.066)	0.011 (0.017)	0.000 (0.000)	−0.003 (0.005)	−0.004 (0.006)	−0.004 (0.006)
参加合作社	0.002 (0.006)	0.000 (0.002)	0.000 (0.000)	0.000 (0.000)	0.000 (0.001)	0.000 (0.001)
去年收入情况	0.448*** (0.108)	−0.117*** (0.027)	0.000 (0.002)	0.036*** (0.009)	0.042*** (0.011)	0.039*** (0.011)
种植面积	−0.030*** (0.011)	0.008*** (0.003)	0.000 (0.000)	−0.002** (0.001)	−0.003** (0.001)	−0.003** (0.001)
土壤质量	−0.168 (0.104)	0.044 (0.027)	0.000 (0.001)	−0.014 (0.009)	−0.016 (0.010)	−0.014 (0.009)
细碎化程度	0.023 (0.169)	−0.006 (0.044)	0.000 (0.000)	0.002 (0.014)	0.002 (0.016)	0.002 (0.015)
城镇距离	−0.037 (0.027)	0.010 (0.007)	0.000 (0.000)	−0.003 (0.002)	−0.004 (0.003)	−0.003 (0.002)
灌溉条件	−0.265 (0.186)	0.069 (0.048)	0.000 (0.001)	−0.021 (0.015)	−0.025 (0.018)	−0.023 (0.016)
道路情况	0.026 (0.287)	−0.007 (0.075)	0.000 (0.000)	0.002 (0.023)	0.002 (0.027)	0.002 (0.025)
农业补贴	1.077*** (0.163)	−0.282*** (0.038)	0.001 (0.004)	0.087*** (0.015)	0.101*** (0.019)	0.093*** (0.019)
地区虚拟变量	已控制	已控制	已控制	已控制	已控制	已控制
样本量	409					
LR chi2	238.79***					
PseudoR2	0.2183					

注：*、**、***分别表示在10%、5%、1%的显著水平；括号内数值为标准误。

实证模型的结果分析如下。

第一，社会网络特征。亲缘和地缘关系、技术型业缘关系正向影响苹果种植户绿色防控技术采纳强度，并且分别在10%、5%的显著性水平下通过检验；利润型业缘关系负向影响苹果种植户绿色防控技术采纳强度，并且在1%的显著性水平下通过检验。从边际效应上来看，与亲缘地缘业缘关系较弱的苹果种植户相比，技术型业缘关系较强的苹果种植户更倾向于采纳多项绿色防控技术。固定其他因素不变，苹果种植户的技术型业缘关系密切程度每增加 1 个单位，不采纳绿色防控技术的概率减少 3.1%，采纳 2 项绿色防控技术的概率增加 1.0%，采纳 3 项绿色防控技术的概率增加 1.1%，采纳 4 项绿色防控技术的概率增加 1.0%；与技术型业缘关系较弱的苹果种植户相比，技术型业缘关系较强的苹果种植户更倾向于采纳多项绿色防控技术。固定其他因素不变，苹果种植户的技术型业缘关系密切程度每增加 1 个单位，不采纳绿色防控技术的概率减少 5.1%，采纳 2 项绿色防控技术的概率增加 1.6%，采纳 3 项绿色防控技术的概率增加 1.8%，采纳 4 项绿色防控技术的概率增加 1.7%；与利润型业缘关系较强的苹果种植户相比，利润型业缘关系较弱的苹果种植户更倾向于采纳多项绿色防控技术。固定其他因素不变，苹果种植户的利润型业缘关系密切程度每增加 1 个单位，不采纳绿色防控技术的概率增加 5.4%，采纳 2 项绿色防控技术的概率降低 1.7%，采纳 3 项绿色防控技术的概率降低 1.9%，采纳 4 项绿色防控技术的概率降低 1.8%。

第二，风险类型特征。损失厌恶型正向影响苹果种植户绿色防控技术采纳强度，并且在 1% 的显著性水平下通过检验。相对于非损失厌恶型，损失厌恶型苹果种植户不采纳绿色防控技术的概率降低 10.4%，采纳 2 项绿色防控技术的概率增加 3.2%，采纳 3 项绿色防控技术的概率增加 3.7%，采纳 4 项绿色防控技术的概率增加 3.4%。

第三，信息网络特征及其他特征。信息网络特征中只有手机使用频率通过了显著性检验，相比于使用手机较不频繁的苹果种植户，使用手机更频繁的苹果种植户不采纳绿色防控技术的概率提高 3.9%，采纳 2 项绿色防控技术的概率降低 1.2%，采纳 3 项绿色防控技术的概率降低 1.4%，采纳 4 项绿色防控技术的概率降低 1.3%。其他变量中，受教育程度、参加技术培训会次数、去年收入情况、农业补贴对苹果种植户的绿色防控技术采纳强度有显著正向影响，各变量的边际效应在绿色防控技术采纳强度为 2 处发生变化，2 之前和之后的边际效应符号相反。这说明受教育程度高、参加技术培训会次数多、去年收入高、有农业补贴的苹果种植户不采纳绿色防控技术和采纳 1 项绿色农业防控技术的概率更低，同时这 4 个特征变量提高了农户采纳 2~4 项绿色防控技术的概率；种植面积对苹果种植户的绿色防控技术采纳强度有显著负向影响，各变量的边际效应在绿色防控技术采纳强度为 2 处发生变化，2 之前和之后的边际效应符号相反。这说明种植面积大的苹果种植户不采纳绿色防控技术和采纳 1 项绿色农业防控技术的概率更高，同时这三个变量降低了农户采纳 2~4 项绿色防控技术的概率。

三、内生性问题

社会网络与绿色防控技术采纳行为之间可能存在反向因果或遗漏变量导致的内生性问题，比如苹果种植户可能在使用了绿色防控技术之后为了更好地获取绿色防控技术信息而选择增强与了解绿色防控技术的其他社会主体的联系与交流。为解决这一问题，将工具变量法和条件混合过程估计法相结合，以技术型业缘关系为代表进行内生性检验，选择变量"户主微信联系人中农技员、农业专家等农技人员的数量"作为工具变量。因为该变量会影响苹果种植户与农技员、农业专家联系和交流的程度，从而影响苹果种植户的技术型业缘关系，但并不能直接影响苹果种植户的绿色防控技术采纳行为。在基准回归当中添加该工具变量，发现该变量系数并不显著，验证了该变量不能直接影响苹果种植户的绿色防控技术采纳行为。

运用条件混合过程估计法（CMP）需要同时估计两个方程，第一个方程技术型业缘关系为被解释变量，以工具变量为核心解释变量，并加入第二个方程中除技术型业缘关系外的所有其他解释变量；第二个方程估计技术型业缘关系对绿色防控技术采纳行为的影响。表 6.6 报告了 CMP 估计结果，第一个方程的估计结果显示户主微信联系人中农技员、农业专家等农技人员的数量对苹果种植户技术型业缘关系有显著正向影响，说明户主微信联系人中农技员、农业专家等农技人员的数量满足工具变量的使用条件。混合回归的 lnsig_1 值显著（$p=0.0000$），似然比检验通过，所以模型估计结果显著。在控制技术型业缘关系的内生性后，技术型业缘关系对绿色防控技术采纳强度仍具有显著正向影响。除此之外，atanhrho_12 值不显著，排除了基准回归的内生性问题。技术型业缘关系对苹果种植户绿色防控技术采纳强度影响的估计仍以基准模型中的结果为准。表 6.6 的内容证实了技术型业缘关系能提高苹果种植户的绿色防控技术采纳强度。

表 6.6　以技术型业缘为例的 CMP 估计结果

方程设定	cmp_cont	cmp_oprobit
变量	技术型业缘关系	绿色防控技术采纳
微信好友中农技人员数量	0.120*** (0.027)	
技术型业缘关系		0.630** (0.260)
控制变量	已控制	已控制
地区变量	已控制	已控制
样本量	409	409
lnsig_1	-0.211*** (0.036)	
atanhrho_12	-0.356 (0.259)	
Wald chi2	682.64***	

注：cmp_cont 和 cmp_oprobit 表示条件混合过程估计法的两个方程分别使用普通最小二乘法回归和 Ordered probit 回归；lnsig_1、atanhrho_12 和 Wald chi2 表示对数似然值、两个方程的残差相关系数和沃尔德卡方值。

四、稳健性检验

通过以下方式对基准回归进行重新估计，以检验模型和样本的稳健性：回归（1）剔除户主为女性的样本并采用零膨胀泊松回归模型得到的结果，回归（2）剔除户主年龄大于 65 岁的样本并采用零膨胀泊松回归模型得到的结果，回归（3）剔除户主为女性的样本并采用 Ordered probit 模型得到的结果，回归（4）剔除户主年龄大于 65 岁的样本并采用 Ordered probit 模型得到的结果。结果如表 6.7 所示，各个影响因素对苹果种植户的绿色防控技术采纳强度的影响系数和显著性相差并不大。所以，本书就苹果种植户绿色防控技术采纳行为影响因素分析的估计结果是稳健的。

表 6.7　绿色防控技术采纳行为：稳健性检验

变量	基准模型：零膨胀泊松回归模型		替补模型：有序 Probit 模型	
	（1）剔除女性户主	（2）剔除老龄户主	（3）剔除女性户主	（4）剔除老龄户主
亲缘和地缘关系	0.097*	0.202***	0.124*	0.109
	(0.052)	(0.072)	(0.071)	(0.087)
技术型业缘关系	0.131**	0.208**	0.180**	0.209**
	(0.065)	(0.088)	(0.087)	(0.103)
成本型业缘关系	-0.067	-0.069	-0.138*	-0.089
	(0.059)	(0.085)	(0.081)	(0.100)
利润型业缘关系	-0.176***	-0.251***	-0.208***	-0.247***
	(0.055)	(0.076)	(0.073)	(0.084)
风险规避	0.144	0.232	0.196	0.277*
	(0.107)	(0.143)	(0.136)	(0.154)
小概率信任	0.173	0.175	0.306*	0.293
	(0.133)	(0.164)	(0.175)	(0.207)
损失厌恶	0.294**	0.334**	0.419***	0.496***
	(0.117)	(0.151)	(0.147)	(0.171)
智能手机使用	0.089	-0.270	0.065	-0.225
	(0.187)	(0.273)	(0.252)	(0.338)
手机使用频率	-0.110**	-0.104*	-0.145**	-0.147**
	(0.048)	(0.059)	(0.061)	(0.068)
互联网使用	0.229	0.109	0.398	0.633*
	(0.198)	(0.356)	(0.256)	(0.346)
年龄	-0.001	0.004	0.006	0.011
	(0.007)	(0.010)	(0.009)	(0.012)
性别		-0.263		0.091
		(0.446)		(0.466)
受教育程度	0.063***	0.047**	0.116***	0.093***
	(0.016)	(0.022)	(0.026)	(0.028)
健康状况	-0.064	-0.056	-0.124	-0.108
	(0.057)	(0.071)	(0.080)	(0.094)
村干部身份	-0.037	-0.187	-0.142	-0.315
	(0.201)	(0.220)	(0.263)	(0.278)
技术培训会	0.054*	0.081**	0.108***	0.121***
	(0.028)	(0.032)	(0.040)	(0.046)
参加合作社	-0.138	-0.043	-0.263*	-0.217
	(0.117)	(0.140)	(0.157)	(0.178)

变量	基准模型：零膨胀泊松回归模型		替补模型：有序 Probit 模型	
	（1）剔除女性户主	（2）剔除老龄户主	（3）剔除女性户主	（4）剔除老龄户主
家庭人数	−0.004	−0.064	−0.015	−0.064
	(0.052)	(0.069)	(0.067)	(0.080)
种植年限	0.004	0.005	0.003	0.002
	(0.005)	(0.005)	(0.006)	(0.007)
去年收入情况	0.069	0.111	0.411***	0.557***
	(0.095)	(0.121)	(0.109)	(0.122)
种植面积	−0.012	−0.017*	−0.028**	−0.033***
	(0.008)	(0.009)	(0.012)	(0.012)
土壤质量	−0.083	−0.162*	−0.184*	−0.182
	(0.075)	(0.096)	(0.104)	(0.125)
细碎化程度	−0.007	−0.137	0.001	−0.006
	(0.148)	(0.181)	(0.170)	(0.204)
城镇距离	−0.031	−0.045*	−0.037	−0.048
	(0.021)	(0.025)	(0.027)	(0.031)
灌溉条件	−0.146	−0.330*	−0.260	−0.432**
	(0.142)	(0.177)	(0.186)	(0.218)
道路情况	0.008	0.010	0.024	−0.059
	(0.244)	(0.285)	(0.288)	(0.315)
农业补贴	0.790***	0.996***	1.103***	1.191***
	(0.121)	(0.150)	(0.164)	(0.185)
地区虚拟变量	已控制	已控制	已控制	已控制
样本量	396	341	396	341
Loglikelihood	−470.909	−385.053	−414.468	−341.657
LRchi2	88.48***	75.90***	237.13***	201.12***

注：*、**、***分别表示在10%、5%、1%的显著水平；括号内数值为标准误。

第五节 本章小结

笔者在建立苹果种植户绿色防控技术采纳行为影响因素理论分析框架的基础上，利用2022年山东省苹果种植户的实地调查数据，采用零膨胀泊松回归模型、Ordered Probit 等模型，探究苹果种植户不同禀赋和特征对其绿色防控技术采纳行为的影响作用，并探究了禀赋和特征对农户技术采纳的差异性行为（即采纳不同数量技术）的边际影响。结果表明如下几个方面。

一是，农业补贴、社会网络和风险类型是影响农户绿色防控技术采纳行为中最重要的三个因素，分别体现了政府职能、信息获取和风险特征对农户技术采纳的重要影响。

二是，信息获取途径中，社会网络特征对其绿色防控技术采纳有显著影响，而信息网络特征影响并不显著。亲缘和地缘关系和技术型业缘关系对技术采纳起到了显著的促进作用，利润型业缘关系显著抑制了技术采纳。

三是，风险特征中，在细分农户的风险类型后，得出了与现有研究不尽相同的结论，研究发现，农户的损失厌恶特征是影响绿色防控技术采纳的重要影响因素，而非风险规避特征。

四是，具有受教育程度更高、参加技术培训次数更多等特征的苹果种植户更倾向于采纳绿色防控技术。

第七章 绿色防控技术采纳的环境效应

农药过量施用不仅导致生产成本提高、限制农产品价值的提升，而且是导致生态环境恶化和资源约束趋紧的主要来源之一。绿色防控技术在减少化学农药使用量、保障农业生产安全、农产品质量安全、生态环境安全以及推动农业可持续发展方面发挥了不可替代的作用（高杨等，2019），对推进农户农药减量和降低环境影响具有非常强的潜在优势。本章将从苹果果园单位面积的农药投放强度和浓度视角出发，在构建绿色防控技术对农户施药影响理论分析框架的基础上，重点分析绿色防控技术对果园生态系统承载农药数量和浓度的影响，进一步研究绿色防控技术采纳的环境溢出效应，明确绿色防控技术对农业绿色发展的促进作用。

第一节 引言

化学农药的使用为解决世界粮食安全问题做出巨大贡献，然而长期大量低效的化学农药投入也带来了农业生产成本增加、农产品质量安全事件频发、生物多样性减少等一系列负面影响（Gao et al.，2017）。

学界对绿色防控技术的生态效应研究已有一些成果。从衡量指标看，已有文献尚未达成共识，现有研究主要从相对量和绝对量两个层面衡量农药减量施用。一是相对量方面，学者们运用类比方式分析农户农药减量施用，即通过对比样本农户与周边农户的农药投放强度（蔡荣等，2019；Liu et al.，2021）、样本农户近三年与往年农药投放强度（赵秋倩等，2020）以及样本农户与农药施用说明书的农药投放强度（田云等，2015）等方面分析农药减量施用。二是绝对量方面，主要通过测算亩均农药投入费用（庄天慧等，2021；王成利等，2021；Feng et al.，2021a）、亩均农药施用量（高晶晶等，2019）、亩均农药施用次数（应瑞瑶等，2017）来分析农药减量施用。此外，也有学者运用其中两个标准分析农药减量施用（陈欢等，2017；张倩等，2019；郑淋议等，2021）。从研究方法看，已有研究大多忽视回归过程中的内生性问题，尽管有些学者考虑到了这一点，但也仅仅局限于可观测因素造成的选择性偏误问题，或是基于估计 ATT 值来进行效应评估，而非估计绿色防控技术对农药减量效应的直接影响系数。

基于此，本章在基于损害控制生产函数，构建绿色防控技术采纳对苹果种植户农药施用影响理论分析框架的基础上，利用 2022 年山东省两市苹果种植户实地调查数据，选取农药投放强度、化学农药投放强度和化学农药投放浓度三个变量考察农户向果园生态系统投放农药的指标变量，并采用较前沿的内生处理效应回归模型（Endogenous Treatment Effects Regression，ETR）进行回归，整体考察绿色防控技术采纳的处理效应。须指出的是，在农业生产实践中，大部分苹果种植户不了解所施农药折纯量，对不同农药溶剂兑水比例的印象也不深，如果采用该指标作为被解释变量易产生较大偏误，但农户对农药投入成本、农药溶剂兑水量或实际打药水量等实际投入或劳动过程的记忆更为清晰，故选取这三个变量更具合理性。

第二节 绿色防控技术采纳对农药投放强度和浓度影响的机理

不同于良种、化肥等具有生产性功能的投入要素，农药多用作保护性投入要素，其主要作用在于降低农作物病虫害可能造成的损失，从而保障农产品产量，而非直接提升潜在产量，Hall et al.（1973）以及 Talpaz et al.（1974）率先将这一类要素导入生产函数中，突出农户农药施用理论分析的独立性，并提出损害控制生产函数概念。借鉴已有研究成果（王常伟等，2013；高晶晶等，2019），本研究采用损害控制生产函数构建绿色防控技术影响农户农药施用的理论分析框架。该框架构建共分为三步：一是构建损害控制生产函数；二是探究农户最优农药投放强度的影响因素；三是厘清绿色防控技术采纳促进农户实现最优农药投放强度的作用机理。

第一，基于农药对农产品产量影响过程，构造损害控制生产函数。主要因为农药是独特的生产要素，其产生作用的前提是出现了病虫害，而C-D生产函数在生产要素的拟合中并未考虑病虫害发生过程，所以最终得出的农药的边际生产率一般超过其实际值（周曙东，2013）。损害控制函数一般采用的变量为产值和要素成本，而非产量和要素投入量，原因在于除病、除虫等农药的品种和规格非常丰富，并且不同用药数值单位存在差异，所以农户难以确定精准的农药投入量，农户更加关心以及能够控制的是农药成本。以杀虫剂为例，假定农药未控制时害虫数量是 B_0，农药以 $K(T)$ 函数形式影响害虫数量，T 是农药投放强度，通常情况下，农药对害虫数量的影响会随农药投放强度的增加而增加，故可假定 $\partial K(T)/\partial T > 0$，因此，害虫损害控制生产函数为：

$$B = B_0[1 - K(T)] \qquad (7-1)$$

由式（7-1）可知，当 $K(T) = 1$ 时，$B = 0$，即当农药投放强度足够大时，害虫数量是0；当 $K(T) = 0$ 时，$B = B_0$，即当农药未控制时，害虫数量是 B_0。

假定农产品实际产量 Q，潜在产量是 $F(q)$，其中，δ 是害虫导致的产量损失比例，即农药抑制农作物病虫草害，获得潜在产量的范围，q 是资本和劳动力等投入要素，害虫以 $D(B)$ 函数形式影响产量，因此，害虫损害控制生产函数为：

$$Q = (1 - \delta)F(q) + \delta F(q)[1 - D(B)] \qquad (7-2)$$

通常情况下，害虫数量对农产品产量的影响会随害虫数量的增加而增加，故可假定 $\partial D(B)/\partial B > 0$，此外，由式（7-2）可知，当害虫数量是0时，$D(B) = 0$，则 $Q = F(q)$，即农产品实际产量是潜在最大值；当害虫数量足够大时，$D(B) = 1$，则 $Q = (1 - \delta)F(q)$，即农产品实际产量是最小值。将式（7-1）代入式（7-2），可得含农药投入的害虫损害控制生产函数为：

$$Q = (1 - \delta)F(q) + \delta F(q)\{1 - D[B_0(1 - K(T))]\} \qquad (7-3)$$

Fox and Weersink（1995）指出相关研究多令 $G(T) = 1 - D[B_0(1 - K(T))]$，但 $G(T)$ 的函数形式设定存在差异，常用函数形式包括 Exponential 形式 $1 - \exp(-mT)$、Pareto 形式 $1 - (K/T)^2$ 和 Weibull 形式 $1 - \exp(-T^m)$ 等。

第二，基于农户利润最大化目标，探究农户最优农药投放强度的影响因素。假定农产品销售价格是 p，除农药投入外的要素投入 q 的价格是 ω，农药投入 T 的价格是 r，则农户利润函数为式（7-4）。须指出的是，不同农户对农药抑制虫害能力的认知存在差异，$K(T)$ 和 δ 的设定必然存在异质性，出于模型的合理性，将 $K(T)$ 和 δ 调整为充分考虑农户特征的 $K_i(T)$ 和 δ_i，其中，i 表示第 i 个农户，故农户利润函数调整为式（7-5）。

$$\pi = pQ - wq - rT \qquad (7-4)$$
$$= p[(1 - \delta)F(q) + \delta F(q)G(T)] - wq - rT$$
$$= p[(1 - \delta_i)F(q) + \delta_i F(q) G_i(T)] - wq - rT \qquad (7-5)$$

为求解农户最优农药投放强度 T^*，本研究假定 $G_i(T)$ 的函数形式为 Exponential 形式，即 $G_i(T) = 1 - \exp(-mT)$，m_i 是第 i 个农户农药施用效果认可度。将 $G_i(T)$ 代入式（7-5），并令 $\partial \pi(T)/\partial T > 0$，即对 T 求偏导，可得农户最优农药投放强度的决策条件，如式（7-6）所示，再对式（7-6）两边取对数，可得农户最优农药投放强度，如式（7-7）所示。

$$p\partial \delta_i F(q) G_i(T)/\partial T = r \qquad (7-6)$$
$$T^* = (\{\ln[\delta_i m_i p F(q)] - \ln r\})/m_i \qquad (7-7)$$

可见，T^* 与 δ_i、m_i、p 和 r 直接相关。具体来看，由式（7-7）可知，T^* 与 δ_i 呈正向变动趋势，即 δ_i 越大，农户越倾向于增加农药投放强度。此外，由 $G_i(T)$ 的函数形式可知，T 与 $G_i(T)$ 呈反向变动趋势。对 $G_i(T)$ 求偏导，$\dfrac{\partial G_i(T)}{\partial m_i} = m_i T/\exp(m_i T) > 0$，则 $G_i(T)$ 与 m_i 呈正向变动趋势，故 T^* 与 m_i 呈反向变动趋势，即 m_i 越小，农户越倾向于增加农药投放强度。值得一提的是，若假定 p 和 r 为外生变量，则农户最优农药投放强度 T^* 的

关键影响因素为 δ_i 和 m_i。因此，影响 δ_i 和 m_i 的因素均直接影响农户最优农药投放强度。

第三，基于害虫导致产量损失比例 δ_i 和农户农药施用效果认可度 m_i 的影响因素，厘清绿色防控技术采纳促进农户降低农药使用强度和浓度的作用机理。当前农药防治仍是农作物害虫治理的主要方式，随之而来的是害虫抗药性增强，给防治方式、农药类型、施药时间和施药方式提出更高要求。然而农户更多的是依赖生产经验进行病虫害防治，对症下药的实现程度不高，导致 m_i 降低。此外，病虫害防治具有时效性，而害虫侵害具有流动性，周边地块会给害虫提供新的生存空间，导致 δ_i 增加，并最终导致农户过量施药。与未采纳绿色防控技术的苹果种植户相比，采纳绿色防控技术的苹果种植户通过科学用药技术和生物防治技术提高了 m_i，从而降低了化学农药的投放强度；通过采纳物理防治技术减轻了病虫害危害的范围和程度，降低了 δ_i 从而保证了苹果的产量和品质，同时部分替代了农药的使用，降低了化学农药的投放强度；通过采纳生态调控技术提高了苹果植株的抗病抗虫能力从而降低了 δ_i，保证了苹果的产量和品质。通过以上机制，绿色防控技术的采纳降低了农户向生态系统投放农药的绝对数量和相对浓度。因此，本研究提出研究假设 H1、H2、H3 和 H4。

H1：绿色防控技术采纳能够显著负向影响单位面积果园内的农药投放强度。

H2：绿色防控技术采纳能够显著负向影响单位面积果园内的化学农药投放强度。

H3：绿色防控技术采纳能够显著负向影响单位面积果园内的化学农药投放浓度。

H4：绿色防控技术细类可以显著负向影响单位面积果园内农药投放的强度和浓度。

第三节　模型构建与变量选择

一、模型构建

实现"效应"的量化，可以采用的方法有很多。笼统来看，这些方法可以分为两种，即参数法和非参数法。非参数法中应用最广泛的是倾向得分匹配法（PSM），但其用途局限于可观测因素导致的选择性偏误问题。参数法中应用最广泛的是内生转换回归模型（ESR），它能够适用于所有的选择性偏误问题，无论其根源是否为可观测因素。不过，这两种方法都属于间接评估方法，只能够通过 ATT 值对效应予以评估（Heckman et al.，1998），并非直接评估方法。为此，本研究采用了参数法中较前沿的内生处理效应回归模型（Endogenous Treatment Effects Regression，ETR），估计绿色防控技术采纳和农户收入之间的关系，这一模型延续了 ESR 模型的某些特征，但在很多方面都表现出相对于后者的优势，其中最重要的一点是对效应进行直接的评估（Hubler et al.，2016；Ma et al.，2020；Li et al.，2020；Abdul et al.，2021）。

ETR 模型回归过程包括两个阶段，其一为选择方程回归，旨在反映出受访者个人、家庭生产经营等各个变量和绿色防控技术采纳决策之间的关系。其二为结果方程回归，即苹果种植户环境效应决定的结果方程，在控制内生性的前提下，估计农户采纳绿色防控技术对农药施用的直接影响效应。

具体来说，第一阶段和第二阶段分别为：

$$GCT_i^* = \delta_i X_i + \gamma_i I_i + \varepsilon_i, \quad O_i = \begin{cases} 1, & \text{如果 } GCT_i^* > 0 \\ 0, & \text{如果 } GCT_i^* \leq 0 \end{cases} \quad (7\text{-}8)$$

$$Y_i = \alpha_i GCT_i + \beta_i X_i + \mu_i \quad (7\text{-}9)$$

式（7-8）为选择方程，其中，GCT_i 为绿色防控技术采纳决策，它是二元选择变量,和随机效用模型 GCT_i^* 有关,GCT_i^* 代表采纳绿色防控技术的苹果种植户获得效用(U_{iU})与未采纳绿色防控技术的苹果种植户获得效用(U_{iN})之间的差异。若 $GCT_i^* = U_{iU} - U_{iN} > 0$,则 $GCT_i = 1$,表示苹果种植户采纳了绿色防控技术;若 $GCT_i^* = U_{iU} - U_{iN} \leq 0$,则 $GCT_i = 0$,表示苹果种植户未采纳绿色防控技术。(7-9)式为结果方程,其中,Y_i 表示农户向果园内投放的农药,包括农户农药投放强度和农药投放浓度;X_i 表示绿色防控技术采纳决策和果园内农药投放的影响因素;δ_i、γ_i、α_i 和 β_i 均为待估参数,其中,α_i 为绿色防控技术采纳对果园内农药投放的直接影响效应,ε_i 和 μ_i 为随机误差项,I_i 是工具变量。

须指出的是,ETR 模型通过完全信息极大似然估计法联合估计出误差项 ε_i 和 μ_i 的相关系数 $\rho_{\varepsilon\mu}$,将第一阶段的选择性偏误项引入第二阶段中,解决由可观测和不可观测因素共同导致的选择性偏误问题,缓解由此导致的内生性问题。另外,ETR 模型也会汇报 Wald 独立性检验值结果,用以测度选择方程和结果方程之间的相关性。

二、数据来源

本研究数据来源于 2022 年 1—2 月和 2022 年 7—8 月对山东省烟台市和临沂市 1 省 2 市 5 县(区)20 个行政村的问卷调查。调研方式为"一对一"访谈形式,调研设计及基本的样本分布等情况详见第三章第三节,此处不再赘述。

三、变量选择

(一)结果变量为果园内农药投放量

如前所述,农户施药的相关文献较多,不过由于学者们的界定方式存在差异,最终的研究结论也不一致,因此,本研究借鉴已有研究成果,选取苹果种植户的农药(包含生物农药)投放强度、化学农药投放强度和化学农药投放浓度三个变量代表果园内农药投放量。本研究假定苹果种植户选择农药的种类和价格没有显著差异,使用"农药支出"代表"农药的投放强度"，因此，农药（包含生物农药）投放强度和化学农药投放强度变量分别指的是苹果种植过程中亩均农药支出费用（元/亩）、亩均化学农药支出费用（元/亩）。对于化学农药投放浓度变量 P_i，本研究对其定义为规定剂量下农药溶剂中化学农药的浓度，采用"每斤按规定剂量稀释后农药溶液中化学农药支出费用（元/斤）"指标衡量，推导过程如下：

$$P_i = \frac{T_i}{V_i^*} = \frac{K_i/(r)}{V_i/\alpha_i} \tag{7-10}$$

式（7-10）中，i 代表第 i 个苹果种植户，T_i 为化学农药的施用量，V_i^* 为配置 T_i 的化学农药应用的水量，K_i 为化学农药的投入，r 为每单位化学农药的平均价格，V_i 为配置 T_i 的化学农药实际使用的水量，α_i 为配药的系数，按规定配药则为 100%。可见，T_i/V_i^* 越大，规定剂量下农药溶剂中化学农药的浓度 P_i 越高，因此，K_i 越大，化学农药投放浓度越强；V_i^* 越小，化学农药投放浓度越强。

其中，农药总投入和化学农药投入代表着农药的投放强度，是投入成本和有毒化学制品用量的代表，既具有经济属性又具有环境属性；亩均化学农药投放浓度代表着农户向环境投放的有毒化学制品的浓度配比，浓度越高则对当地生态直接造成损害或间接残留至土壤和水源的概率越大，进而通过食物链累积危害包含人类在内的整个食物网乃至整体生态系统的可能性也就越大，因此该指标主要体现绿色防控技术采纳的环境属性。

（二）处理变量为绿色防控技术采纳决策

该变量是一个二元选择变量，借鉴已有研究成果（Sun et al.，2018；杨志海，2019；Baiyegunhi et al.，2019），本研究将其界定为：2022 年，若受访苹果种植户在苹果种植过程中采纳至少一种绿色防控技术，赋值为 1，归为处理组；若未采纳，赋值为 0，归为对照组。

（三）控制变量

借鉴陈欢等（2017）、应瑞瑶等（2017）、张倩等（2019）、高晶晶等（2019）、杨高第等（2020）、闫阿倩等（2021）、庄天慧等（2021）、王成利和刘同山（2021）、郑淋议等（2021）、Liu et al.（2021）、郑纪刚等

（2021）以及 Ma et al.（2021）等的文献，确定此次研究中的控制变量为：一是受访农户个人特征变量，包括年龄、文化水平、村干部身份、农业培训、亲邻关系（以亲缘地缘为代表）5 个变量；二是受访农户家庭的生产经营特征变量，包括苹果种植年限、人均苹果经营面积、非苹果收入占比3 个变量。需要指出的是，为排除各个地区间区域特色、经济水平等的干扰，模型还采用了一组地区虚拟变量。

（四）工具变量为与使用防虫网、粘虫板、杀虫灯等技术的最近的示范果园的距离

根据模型设定，实证回归过程中可能存在测量误差或遗漏变量等内生性问题，故需要寻找工具变量。本研究选取与使用防虫网、粘虫板、杀虫灯等技术的最近的示范果园的距离为工具变量。该变量指"您家与使用防虫网、粘虫板、杀虫灯等物理防控技术的最近的示范果园的距离"，该变量会显著影响苹果种植户的绿色防控技术采纳决策，而对果园内农药投放量而言则为外生变量，因此选取此变量为工具变量。

四、描述性统计分析

（一）变量定义与描述性统计

此次研究涉及的变量及其含义和描述性统计数据如表 7.1 所示。对表中的内容进行分析可知，共 269 位受访苹果种植户采纳了绿色防控技术，约占总样本的 56.6%，其他 206 位受访苹果种植户未采纳绿色防控技术，约占 43.4%；受访苹果种植户的亩均农药支出费用均值为 1054 元/亩，最大值为 2040 元/亩；受访苹果种植户的亩均化学农药支出费用均值为948.1 元/亩，最大值为 2000 元/亩；受访苹果种植户每斤按规定剂量稀释后的农药溶液中化学农药支出费用为 3.342 元/斤，最大值为 57.14 元/斤；受访苹果种植户的年龄均值为 55.59 岁，最大值为 90 岁；受访苹果种植户的受教育年限均值为 8.299 年，最大值为 17 年；家庭人均苹果经营面积均值为 2.250 亩/人，最大为 40 亩/人；与使用防虫网、粘虫板、杀虫灯等技术最近的示范果园距离均值为 5.749 千米，最大值为 15 千米。

表 7.1　变量定义及描述性统计

变量名称	变量定义	均值	标准差	最小值	最大值
结果变量					
农药投放强度	亩均果园内投放农药的支出费用（元/亩）	1054	378.0	365	2040
化学农药投放强度	亩均果园内化学农药的支出费用（元/亩）	948.1	407.3	365	2000
化学农药投放浓度	每斤按规定剂量稀释后的农药溶液中化学农药支出费用（元/斤）	3.342	4.749	0.228	57.14
处理变量					
绿色防控技术采纳决策	苹果种植过程中，是否采纳绿色防控技术：是=1；否=0	0.566	具体分布参见 3.3.2		
控制变量					
年龄	实际年龄（周岁）	55.59	10.09	18	90
受教育程度	受教育年限（年）	8.299	2.881	0	17
村干部身份	户主的村干部身份情况：是=1；否=0	0.0695	0.255	0	1
技术培训	家庭成员近三年参加农业培训次数（次）	2.156	1.611	0	10
亲邻关系	与亲戚、朋友、邻居的交流程度：从来没有=1；比较少=2；一般=3；比较多=4；经常=5	3.931	0.931	1	5
种植年限	种植苹果年限（年）	21.64	11.87	0	80
经营面积	苹果经营面积（亩）	6.289	6.755	1	80
非苹果收入占比	家庭总收入中非苹果收入占比	0.210	0.244	0	1
地区虚拟变量	烟台=1；临沂=0	0.417	0.494	0	1
工具变量					
示范果园距离	与使用防虫网、粘虫板、杀虫灯等技术的示范果园的距离（千米）	5.749	4.132	0.100	15

数据来源：根据调研数据整理所得。

（二）均值差异性分析

表 7.2 汇报了所选变量在未采纳和采纳绿色防控技术的苹果种植户之间的差异。其中，第 2 列和第 3 列分别为对照组和处理组农户的均值，第 4 列为均值差异。由此证明，两组样本农户是有明显差异的。举例来说，对照组的农药投放强度、化学农药投放强度、化学农药投放浓度都显著高于处理组；处理组比对照组平均年龄更大，且受教育程度更高，种植年限更长，非苹果收入占比更高。值得一提的是，采纳绿色防控技术的苹果种植户比未采纳的苹果种植户与使用防虫网、粘虫板、杀虫灯等技术的最近的示范果园的距离更近，证明解释变量与工具变量是有所关联的，至于工具变量是否有效，还须进一步地检验。整体而言，两组样本的确存在明显差异，但无法证明差异是因绿色防控技术的采纳导致，要论证绿色防控技术采纳对苹果种植户向生态系统投放农药强度和浓度的影响，还须进行实证分析。

表 7.2　绿色防控技术采纳对农药投放影响的差异性分析

变量名称	对照组	处理组	均值差异
农药投放强度	1199	943.3	256.090***
化学农药投放强度	1199	755.6	443.737***
化学农药投放浓度	3.721	3.052	0.670*
年龄	51.72	58.54	-6.819***
受教育程度	7.806	8.677	-0.871***
村干部身份	0.0730	0.0670	0.00600
技术培训	2.083	2.212	-0.129
亲邻关系	4.034	3.851	0.183**
种植年限	19.88	22.99	-3.114***
经营面积	6.627	6.008	0.619
非苹果收入占比	0.171	0.239	-0.068***
地区虚拟变量	0.0240	0.717	-0.693***
示范果园距离	7.129	4.691	2.438***
样本量	186	223	

注：*、**、***分别表示在10%、5%、1%的显著水平。

第四节 绿色防控技术采纳影响果园内农药投放量的实证结果

一、绿色防控技术采纳决策对果园内农药投放量的影响

表 7.3 的下方分别为绿色防控技术采纳对果园内农药投放强度、化学农药投放强度和化学农药投放浓度影响的相关检验结果，这里重点汇报选择方程和结果方程随机误差项 ε_i 和 μ_i 的相关系数 $\rho_{\varepsilon\mu}$、Wald 独立性检验的估计结果和工具变量的有效性检验。

三组 ETR 回归模型回归中的 $\rho_{\varepsilon\mu}$ 分别为满足 5% 统计显著性的 0.561 以及 1% 统计显著性的 0.831 和 1.283，表明在绿色防控技术采纳对果园农药投放量影响的三组回归方程中，有不可观察因素同时是绿色防控技术采纳决策以及农户农药投放强度的促进性因素，也就是说两组回归的结果方程都有选择性偏误问题，若是不予控制，就会导致影响效应被低估的结果。三组回归中的 Wald 独立性检验值依次是满足 5% 统计显著性的 4.70 以及 1% 统计显著性的 9.59 和 56.78，推翻了两组回归中的选择方程和结果方程互不影响的假设，所以要把二者联立起来估计，通过 ETR 模型进行回归分析是非常合理的。

针对工具变量是否有效这一问题，首先，完成对这一变量的弱工具变量检验，F 统计量值是 52.64（大幅超过 10），排除了弱工具变量问题。其次，表 7.3 回归（1）、回归（3）、回归（5）中"与使用防虫网、粘虫板、杀虫灯等技术的最近的示范果园的距离"变量的系数估计值分别为满足 1% 统计显著性的 -0.099、-0.098 以及 5% 统计显著性的 -0.098，足以说明与使用防虫网、粘虫板、杀虫灯等技术示范果园距离和受访者绿色防控技术采纳决策存在显著的关联。这意味着这里采用的工具变量是正确的。

（一）选择方程的 ETR 模型估计结果

表 7.3 的回归（1）、回归（3）和回归（5）分别汇报了农户农药投放强度、化学农药投放强度和农户农药投放强度影响因素的 ETR 模型选择方程的估计结果。可知，受教育程度对绿色防控技术采纳决策产生显著的正向影响，表明随着受访苹果种植户受教育年限的提高，其越愿意采纳至少一项绿色防控技术，受教育程度越高的苹果种植户越有能力和眼界获取绿色防控技术的相关知识并采纳该类技术。村干部身份对绿色防控技术采纳决策产生显著的负向影响，这一结果并不难理解，一方面，户主的村干部身份会增加户主非农工作时间、减少了农户的闲暇，负向影响了其获取绿色防控技术相关信息的时间和精力，进而降低其绿色防控技术的采纳可能；另一方面，村干部身份获得工资性收入和更多的社会资源的同时，降低了苹果种植户种植苹果过程中的精力投入，更有可能降低其技术采纳水平。风险类型对绿色防控技术采纳决策产生显著正向影响，表明风险规避型的苹果种植户相比于风险中立型和风险偏好型种植户更倾向于采纳绿色防控技术，在苹果种植户面临病虫害造成的损失时，风险规避者有更强的风险感知能力，会更趋向于采取小额投入避免大额损失。除此之外，地区虚拟变量表示烟台地区的苹果种植户更倾向于采纳绿色防控技术。

（二）结果方程的 ETR 模型估计结果

表 7.3 的回归（2）、回归（4）、回归（6）分别为苹果种植户农药投放强度、化学农药投放强度、化学农药投放浓度影响因素的 ETR 模型结果方程的估计结果。其中，由回归（2）可知，绿色防控技术采纳决策估计系数为满足 1%统计显著性的-383.979，表明绿色防控技术的采纳有助于减少苹果种植户农药投放强度，研究假设 H1 得到验证；由回归（4）可知，绿色防控技术采纳决策估计系数为满足 1%统计显著性的-840.741，表明绿色防控技术的采纳有助于减少苹果种植户化学农药投放强度，研究假设 H2 得到验证；由回归（6）可知，绿色防控技术采纳决策估计系数为满足 1%统计显著性的-7.730，表明绿色防控技术的采纳有助于减少农户农药投放强度，研究假设 H3 得到验证；另外，化学农药投放强度与农药

投放强度结果方程中绿色防控技术的影响系数之间的差异表明绿色防控技术对化学农药有较强的替代作用，其中既包含生物农药对化学农药的有效替代，也包含其他绿色防控技术对农户病虫害防治手段的有效补充。

控制变量中，受教育程度对苹果种植户的化学农药投放浓度具有显著的正向影响。这一结果表明，受教育年限越高的苹果种植户越倾向于施用更高强度的化学用药溶液，这对病虫害防治具有良好效果，更符合苹果种植户的效用最大化目标，但这对环境、其他生物甚至施药者本身造成了一定程度的损害。村干部身份对苹果种植户的化学农药投放浓度具有显著的负向影响。这一结果表明，具有村干部身份的苹果种植户更倾向于施用较低浓度的化学农药溶剂进行打药，说明村干部具有更高的保护环境意识，在按照规定剂量配置农药的基础上，采用更少的化学农药。种植面积对苹果种植户的化学农药投放强度具有显著的负向影响。这一结果表明，种植面积高的苹果种植户更倾向于减少果园的化学农药投放强度，说明苹果种植的规模效应对农药减量具有正向影响，果园面积较大的苹果种植户倾向于施用较少的化学农药。地区虚拟变量对化学农药投放强度和化学农药投放浓度都具有显著的正向影响。这一结果表明，相对于临沂市，烟台市的苹果种植户具有更高的倾向施用更多数量、更高浓度的化学农药，这可能与烟台市苹果种植户对苹果品质和产量有更高的要求有关，所以种植户会通过采用更高强度的化学农药施用以保证苹果的收入。

表 7.3　绿色防控技术采纳对果园农药投放量影响的 ETR 模型联合估计结果

变量	（1）采纳决策	（2）农药投放强度	（3）采纳决策	（4）化学农药投放强度	（5）采纳决策	（6）化学农药投放浓度
绿色防控技术采纳决策		-383.979^{***} （117.967）		-840.741^{***} （106.169）		-7.730^{***} （0.586）
年龄	0.018^{*} （0.010）	0.720 （2.369）	0.019^{**} （0.010）	1.158 （2.429）	0.019 （0.010）	0.006 （0.033）
受教育程度	0.124^{***} （0.032）	-0.188 （7.827）	0.126^{***} （0.032）	4.727 （7.815）	0.126^{***} （0.032）	0.313^{***} （0.097）
村干部身份	-0.700^{*} （0.364）	-91.562 （76.459）	-0.645^{*} （0.359）	-115.143 （78.469）	-0.645 （0.359）	-1.852^{*} （1.057）

续表

变量	(1) 采纳决策	(2) 农药投放强度	(3) 采纳决策	(4) 化学农药投放强度	(5) 采纳决策	(6) 化学农药投放浓度
技术培训	0.083 (0.066)	−4.242 (11.782)	0.067 (0.061)	−3.997 (12.113)	0.067 (0.061)	−0.041 (0.164)
亲邻关系	−0.016 (0.110)	0.025 (19.767)	−0.025 (0.107)	6.208 (20.333)	−0.025 (0.107)	−0.385 (0.276)
种植年限	−0.004 (0.007)	0.811* (1.715)	−0.004 (0.006)	0.676 (1.762)	−0.004 (0.006)	−0.046* (0.024)
经营面积	0.002 (0.016)	−4.970 (2.808)	0.005 (0.015)	−5.874** (2.887)	0.005 (0.015)	−0.035 (0.039)
非苹果收入占比	0.189 (0.423)	−31.356 (87.659)	0.112 (0.405)	14.170 (89.868)	0.112 (0.405)	−1.587 (1.207)
地区虚拟变量	2.528*** (0.271)	−35.996 (89.518)	2.509*** (0.268)	259.592*** (83.528)	2.509*** (0.268)	5.973*** (0.729)
示范果园距离	−0.099*** (0.018)		−0.098*** (0.016)		−0.098** (0.016)	
常数项	−1.522** (−2.20)	1289.645 (165.589)	−2.140*** (0.735)	1232.806*** (170.021)	−2.140*** (0.735)	5.657** (2.294)

检验及其他信息

$\rho_{\varepsilon\mu}$		0.561** (0.225)		0.831*** (0.232)		1.283*** (0.097)
Lnsigma		5.901*** (0.046)		5.929*** (0.051)		1.629*** (0.039)
拟合优度检验		84.32***		150.24***		186.45***
对数伪似然值		−3112.4054		−3107.1528		−1315.2527
Wald 独立性检验		$\chi^2(1)=4.70$, $prob{>}\chi^2=0.0301$		$\chi^2(1)=9.59$, $prob{>}\chi^2=0.0020$		$\chi^2(1)=56.78$, $prob{>}\chi^2=0.0000$
样本量		409		409		409

注：*、**、***分别表示在10%、5%、1%的显著水平；括号内数值为标准差。

二、绿色防控技术采纳种类对果园农药投放量的影响

首先，采用"稳健标准误+OLS"方法研究绿色防控技术细类（包括物理防治技术、生物防治技术、生态防治技术和科学用药技术）对果园农

药投放量的影响因素。表 7.4 为回归结果。

农药投放强度方面。生物防治技术对农药投放强度的影响估计系数为满足 5% 统计显著性的-144.912，验证了以生物农药为代表的生物防治技术可以降低农户的农药投放强度，即降低农户的化学农药投入和生物农药之和，证明了生物防治技术既可以有效地降低农户的农药总投入，具有显著的经济效应；又可以降低农户的施药总量，具有显著的环境效应。

化学农药投放强度方面。生物防治技术、生态防治技术、科学用药技术对化学农药投放强度的影响估计系数-214.514、-85.575、-164.560 分别在 1%、10%、5% 的显著性上显著，验证了这三类技术可以降低农户的化学农药投放强度，即降低农户的化学农药投入，证明了该三类技术可以有效地降低农户的化学农药投入，既具有显著的经济效应又具有显著的环境效应。

化学农药投放浓度方面。物理防治技术对化学农药投放浓度的影响估计系数满足 1% 统计显著性的-1.238，验证了物理防治技术可以降低农户的化学农药投放强度，即降低农户的亩均化学农药投放浓度，证明了物理防治技术可以有效地降低化学农药对环境的影响，具有显著的环境效应。

综上，假说 H4 得到验证。

表 7.4　绿色防控技术细类对果园农药投放量的影响

变量	OLS+稳健标准误		
	农药投放强度	化学农药投放强度	化学农药投放浓度
物理防治	60.620	-10.917	-1.238***
	(69.207)	(76.886)	(0.488)
生物防治	-144.912**	-214.514***	-0.425
	(59.132)	(65.738)	(0.477)
生态防治	-51.906	-85.575*	-0.907
	(46.508)	(43.650)	(0.735)
科学用药	14.360	-164.560**	-0.341
	(61.916)	(66.675)	(0.417)
年龄	-0.463	-1.049	-0.017
	(2.142)	(2.005)	(0.025)

变量	OLS+稳健标准误		
	农药投放强度	化学农药投放强度	化学农药投放浓度
受教育程度	-8.980 (6.077)	-10.709* (6.312)	0.106 (0.069)
村干部身份	-62.854 (77.223)	-54.117 (74.803)	-1.234*** (0.430)
技术培训	-4.902 (10.275)	-2.136 (11.200)	-0.057 (0.159)
亲邻关系	-0.077 (18.336)	4.350 (18.887)	-0.409 (0.297)
种植年限	1.745 (1.773)	2.122 (1.690)	-0.036** (0.018)
经营面积	-4.078 (2.613)	-4.691* (2.769)	-0.027* (0.017)
非苹果收入占比	-76.751 (74.170)	-48.157 (74.753)	-2.324** (0.953)
地区虚拟变量	-202.889*** (60.183)	-51.844 (64.397)	0.733 (0.532)
常数项	1324.659*** (143.296)	1308.618*** (141.976)	6.620*** (2.021)
R-squared	0.1818	0.2882	0.0492

注:*、**、***分别表示在10%、5%、1%的显著水平;括号内数值为标准差。

三、群组差异性分析

上述分析已证实绿色防控技术采纳有助于减少果园农药投放强度、化学农药投放强度和化学农药投放浓度,为进一步分析绿色防控技术采纳对不同要素特征的果园农药投放量影响的差异,本部分进行群组差异性分析。首先,分别根据年龄和人均苹果经营面积等对苹果种植户进行分组,按分组变量均值将样本分为"小于均值"和"大于均值"两组。其次,与基准回归一样,采用 ETR 模型分别分析绿色防控技术采纳对苹果种植农药投放强度、化学农药投放强度和化学农药投放浓度影响的异质性。表 7.5中的回归结果为绿色防控技术采纳对果园农药投放量的影响系数。

表 7.5 绿色防控技术采纳对果园农药投放量的群组差异性分析结果

变量	年龄		人均种植面积	
	小于均值	大于均值	小于均值	大于均值
农药投放强度	−401.223***	−138.893	−321.007**	356.755**
	(117.912)	(206.498)	(138.707)	(146.201)
化学农药投放强度	−801.064***	−652.649***	−682.378***	−783.311***
	(101.832)	(184.445)	(161.314)	(109.249)
化学农药投放浓度	−1.585*	−4.743***	−1.453	−3.573
	(1.054)	(1.610)	(1.010)	(1.704)
样本量	232	243	323	152

注：*、**、***分别表示在10%、5%、1%的显著水平；括号内数值为标准差。

由表 7.5 的第一、二列回归结果可知，绿色防控技术采纳对年龄小于均值的苹果种植户的农药投放强度和化学农药投放强度的负向促进作用高于年龄大于均值的苹果种植户，可见，绿色防控技术采纳对年龄较低的种植户控制施药强度的促进作用更强。这一情况不难理解，一方面，年龄相对较小的苹果种植户对新技术的接受过程更快，相对于大龄种植户，关注绿色防控技术的年轻种植户可以通过互联网、智能手机等现代化的信息获取渠道，搜寻绿色防控技术的成本、效果、购买渠道、技术流程等信息，这既降低了交易成本，又降低了采纳技术风险的不确定性，另一方面，绿色防控技术采纳对年龄大于均值的苹果种植户的化学农药投放浓度的负向促进作用高于小于均值的苹果种植户，可见，绿色防控技术采纳对年龄较高种植户控制施药浓度的促进作用更强。一般情况下，年龄较大的苹果种植户相对于年龄较小的苹果种植户的风险感知和风险偏好的稳定性更强，更不容易受到外界冲击的影响，其农药施用应该是具有固定模式的，该模式的固定性特征多是由于社会阅历和种植经验所决定的。相对于年龄较小的苹果种植户，年龄较大的苹果种植户的化学农药施药浓度受绿色防控技术采纳的影响较大说明了绿色防控技术对大龄种植户的固有种植观念的冲击更大，说明绿色防控技术对大龄苹果种植户同样具有较强的影响效果。

由表 7.5 的第三、四列回归结果可知，绿色防控技术采纳对人均种植面积较大的苹果种植户的化学农药施药强度的负向促进作用大于人均种植面积小于均值的苹果种植户，这说明绿色防控技术采纳对人均种植面积较大的苹果种植户影响更大。这一结果并不难理解，一方面，人均种植面积较大的苹果种植户对种植苹果会投入更多的时间、精力和资本，会更愿意采纳绿色防控技术以提高种植经营水平，这也体现了绿色防控技术对部分化学农药具有替代作用甚至优于化学农药的防治效果；另一方面，绿色防控技术采纳对人均种植面积较小的苹果种植户的农药施药强度的负向促进作用大于人均种植面积大于均值的苹果种植户，甚至种植面积大于均值的苹果种植户采纳绿色防控技术会增加农药投放强度。这是因为随着生物农药的发展和改良，其病虫害防治效果显著提高，生产成本和销售价格大大降低，对传统化学农药的替代越发明显，人均苹果种植面积更高的种植户更关注产量、品质和成本，因此，人均种植面积高的苹果种植户更倾向于采用更大生物农药投放强度、更小化学农药投放强度、农药总投放强度更高的防控手段组合。

四、稳健性检验

本部分运用 PSM 方法对基准回归 ETR 模型的研究结果进行稳健性检验，并分别采用一对一匹配法、一对四匹配法、半径匹配法和核匹配法 4 种匹配法评估绿色防控技术采纳行为对果园农药投放量的影响，回归结果如表 7.6 所示。其中，表 7.6 从上至下分别为绿色防控技术采纳对苹果种植户农药投放强度、化学农药投放强度和化学农药投放浓度的影响。整体来看，PSM 方法回归结果与基准回归 ETR 模型回归结果是一致的，即绿色防控技术的采纳有助于减少苹果种植户农药投放强度、化学农药投放强度和化学农药投放浓度。

具体来看，由表 7.6 第一组回归结果可以发现，4 种匹配法均证实绿色防控技术采纳对苹果种植户农药投放强度具有显著负向影响，ATT 值分别为满足 10% 显著性水平的 −188.901、−155.978、−179.807 和 −143.377；由表 7.6 第二组回归结果可以发现，4 种匹配法均证实绿色防控技术采纳对苹果种植户化学农药投放强度具有显著负向影响，ATT 值分别为基本满足 1% 显著性水平的 −403.351、−370.428、−357.827，半径匹配法的 ATT

值为满足 5%显著性水平的-367.362；由表 7.6 第三组回归结果可以发现，4 种匹配法均证实绿色防控技术采纳对苹果种植户化学农药投放浓度具有显著负向影响，ATT 值分别为满足 10%显著性水平的-7.765、-7.247、-7.345、-7.121。综上可知，即使更换了计量回归方法，研究结果依然稳健。

表 7.6 基于倾向得分匹配法的稳健性检验

结果变量	匹配方式	控制组	ATT	标准误
农药投放强度	一对一匹配法	1166.759	-188.901*	128.735
	一对四匹配法	1133.836	-155.978*	113.907
	半径匹配法	1123.943	-179.807*	141.998
	核匹配法	1121.235	-143.377*	122.289
化学农药投放强度	一对一匹配法	1166.759	-403.351***	128.376
	一对四匹配法	1133.836	-370.428***	113.500
	半径匹配法	1123.943	-367.362**	141.780
	核匹配法	1121.235	-357.827***	121.910
化学农药投放浓度	一对一匹配法	10.505	-7.765*	2.113
	一对四匹配法	9.987	-7.247*	1.367
	半径匹配法	9.714	-7.345*	1.245
	核匹配法	9.861	-7.121*	1.089

注：*、**、***分别表示在 10%、5%、1%的显著水平。

第五节 绿色防控技术采纳的外部性分析

外部性是指在经济活动中，生产者或消费者的活动对其他生产者和消费者产生的超越活动主题范围的影响。从本质上来看，它指的是成本或效益的外溢现象，即市场交易对第三方形成了非市场化的影响，但后者并未得到任何的补偿和收益，此即所谓的外部性。它包括了正外部性和负外部性，从经济效益层面分析，正外部性即社会边际成本小于私人边际成本，也就是个体的生产或消费导致其他收益但无法收费的现象；负外部性指的是社会边际成本高于私人的边际成本，即某个个体的行为影响了其他个体，导致后者付出额外的成本费用，但无法获取补偿的现象。环境污染是外部不经济所带来的。在外部不经济的情况下，行为主体无须支付任何费用或代价，而由社会来承担，简单来说就是私人成本社会化了。

一、农户过量施用化学农药的负外部性

农户在从事农业生产活动过程中，追求的是更可观的利益，因此为提升产品质量和产量，大量地使用化肥、农药等，而不会考虑到这种行为对生态环境造成的破坏。化学农药的过度使用，是导致农业面源污染的原因之一，表现出负外部性的特征，此时，边际社会成本高于边际私人成本。在图 7.1 中，Q 表示化学农药施用量；P 表示价格；MSC 表示边际社会成本；MPC 表示边际私人成本；MB 表示边际收益。边际成本和边际收益一致的情况下，利益达到峰值，此时农户化学农药施用量的均衡水平用 Q_P 表示，它超过了社会要求化学农药施用量的均衡水平 Q_S，多施用的化学农药量（Q_P-Q_S）使环境遭受严重的污染，MSC 和 MPC 两条线的距离反映的是化学农药施用量增加导致的外部边际成本，别名"溢出成本"。农户应该利用绿色防控技术等，将化学农药施用量控制在更低范围内，令其从 Q_P 向 Q_S 移动，优化资源的配置，实现外部成本内部化，为农业的绿化发展奠定良好的基础。因此，需要政府采取手段限制农户的施药过量行为，推广绿色防控技术，降低化学农药施用量，进一步推动农业朝着绿色方向发展。

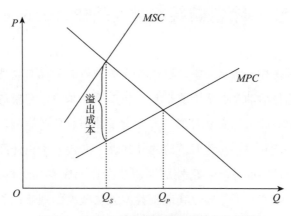

图 7.1 农户化学农药过量施用的负外部性

二、农户采纳绿色防控技术的正外部性

农户通过采纳绿色防控技术等方式减施化学农药，能够降低农业面源污染，提高作物品质和产量，促进生态环境的恢复，表现出正外部性特征，此时的边际社会收益超过边际私人收益，二者的差额为外部边际收益，也即所谓的溢出收益。考虑到农户采用了绿色防控技术，为描述农户减施化学农药行为，图 7.2 中，Q 为农户采用绿色防控技术的强度；P 表示价格；MPB 表示边际私人收益；MSB 表示边际社会收益；MC 为边际成本。要尽量地提升利益，农户节药型农业技术采用量用 Q_P 表示，低于社会所要求的最优水平 Q_S。在这种情况下，应采取生态补偿、奖励等手段，鼓励农民更多地应用节药型农业技术，节省开支，促使边际私人收益线 MPB 达到边际社会收益线 MSB，节药型农业技术采用量由 Q_P 增加至 Q_S，满足社会所要求的最佳水平，这里面新增的（Q_S-Q_P）绿色防控技术采用量，降低化学农药就能实现正的外部效应。所以，政府应该为应用绿色防控技术的农户给予补贴和奖励，或是建立相应的价格机制或认证机制，通过市场手段为采纳绿色防控技术的农户提供优质优价保障或绿色产品认证，调动农户采纳绿色防控技术的积极性，增加外部边际收益，从而促进经济与环境保护的协调发展。

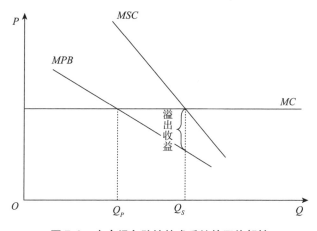

图 7.2　农户绿色防控技术采纳的正外部性

第六节　本章小结

本章从绿色防控技术采纳的环境效应角度出发，基于损害控制生产函数，构建绿色防控技术采纳影响苹果种植户农药施用的理论分析框架，进而研究技术采纳对果园农药投放量的影响。利用 2022 年山东省两市苹果种植户实地调查数据，选取果园农药投放强度、化学农药投放强度和化学农药投放浓度三个变量代表果园农药投放量，采用较前沿的内生处理效应回归模型，在综合考虑由可观测和不可观测因素造成的选择性偏误问题的基础上，整体考察绿色防控技术采纳的处理效应，并采用 PSM 方法进行稳健性检验，验证了绿色防控技术具有环境效应。结果分析如下。

第一，绿色防控技术的采纳显著地降低了果园生态系统内的农药投放强度、化学农药投放强度和化学农药投放浓度，减轻了对环境的损害，验证绿色防控技术具有显著的环境效应。

第二，绿色防控技术的不同子技术显著地降低了果园生态系统内的农药投放水平。其中，生物防治技术降低了农药投放强度，生物防治技术、生态防治技术和科学用药技术降低了化学农药投放强度，物理防治技术降低了化学农药投放强度。绿色防控技术合集的各个细类分别展现了经济效应和环境效应。

第三，绿色防控技术采纳对果园生态系统内的农药投放量的影响存在异质性，具体来说，绿色防控技术采纳对年龄较小的苹果种植户的果园内农药投放量影响更大，对年龄较大的苹果种植户的果园内农药投放量影响更小；人均种植面积高的苹果种植户更倾向于采用更大生物农药投放强度、更小化学农药投放强度、农药总投放强度更高的防控手段组合。

第四，绿色防控技术具有显著的环境效应，体现为正向的外部性和溢出效应，需要政府采纳适当的补贴手段进行推广。

第八章 研究结论与对策建议

"大国小农"是中国的基本国情，"多种多样，因地制宜"背景下推进农业现代化是我国必须面对的现实问题。以苹果为代表的经济作物的生产经营受到小农户分散经营、规模化难以实现及农业生产弱质性等特点的制约，加之病虫害防治依旧面临施药技术落后、方式不规范、规模化防治服务短缺等问题，农户生产经营过程中化学农药施放强度大、利用率低等现象的普遍发生，对城乡居民的食品安全、生活环境和生产方式造成巨大威胁。近年来，随着国家政策对农业绿色生产的重视程度和支持力度不断加大，绿色生产技术的推广和普及呈现出快速发展态势，作为绿色生产技术的突出代表，绿色防控技术在农业生产实践中的重要作用也日益突出。

基于此，本研究在对已有文献进行梳理综述和构建理论分析框架的基础上，首先，对我国苹果产业现状、绿色防控技术发展历程和调研区域内苹果种植户绿色防控技术采纳的基本特征进行归纳，总结了我国农作物病虫害防治模式的演变特征和当前绿色防控技术发展的主要特点；其次，对调研数据进行分析，结果发现绿色防控技术具备增收增效的作用，证实绿色防控技术的经济效应的存在，进而对苹果种植户绿色防控技术采纳影响因素进行深入探讨，以期深挖农户采纳绿色防控技术的推动因素和制约因素；最后，研究绿色防控技术的环境效益，明确绿色防控技术采纳的正外部性。综合前述研究成果，本章对主要研究结论进行概括和总结，同时提出与主要研究结论相对应的政策建议，以期为进一步推动绿色防控技术的发展和推广普及提供理论支撑和政策建议。

第一节 结论与总结

根据前七章的研究，本书获得了以下研究结果。

第一，通过对中华人民共和国成立以来我国病虫害防治发展历程进行梳理，可以发现，我国病虫害防治方式和手段的发展受政府引导、物质资料生产水平和科技进步的影响很大，从农业防治阶段、化学防治阶段到综合防治阶段、绿色防控阶段，病虫害防治的有效化、绿色化、科技化程度逐步提升，病虫害防治的目的也由最初的效率导向型逐步向绿色化、科技化、现代化转变。通过分析调研区域内苹果种植户绿色防控技术采纳发展现状，可以得出如下发现。从苹果种植户基本特征看，当前我国农村老龄化、兼业化、受教育水平较低等问题依旧突出，人力资本水平仍有待进一步提升。从农户家庭基本特征看，劳动年龄人口集中在 2~3 个，参与合作社的比例不高，果园地块较为细碎，土壤质量一般，种植规模大部分在 10 亩以下。从苹果种植户的绿色防控技术采纳的核心影响因素看，农户家庭与农技员/农业专家交流程度和苹果收购商交流密切程度相对较低，基层农技推广仍蕴含较大潜能，农户与亲戚朋友和农资销售商的联系相对密切；互联网和智能手机的使用较为普及，为通过移动端向农户提供病虫害预报信息、绿色防控技术信息等提供了良好载体；农业生产决策者近一半为风险厌恶型，近六成为损失厌恶型。从绿色防控技术采纳情况来看，苹果种植户绿色防控技术采纳仍处于较低水平，四成农户并未采纳任何绿色防控技术，近四成农户只采纳一项或两项绿色防控技术。从苹果种植户的施药行为和家庭收入来看，农户的农药总投入和化学农药总投入仍处于较高水平，这虽然在一定程度上保障了农户的苹果收入，但同时也限制了农户的增收空间，受访苹果种植户家庭收入均值接近 10 万元，而苹果净收入均值略高于 6 万元。

第二，绿色防控技术采纳对苹果种植户家庭收入影响的研究结果表明了，绿色防控技术采纳有助于提高苹果种植户的苹果净收入和家庭收入，验证了绿色防控技术具有增收效应。同时，绿色防控技术采纳对农户的增收效应具有异质性，具体而言，绿色防控技术采纳对收入水平低分位点的影响高于高分位点，即该技术采纳对低收入水平农户增收效应大于高收入水平农户。

第三，绿色防控技术采纳对农户技术效率影响的研究结果表明，绿色防控技术采纳和农户技术效率之间为正相关关系。具体而言，实际采纳绿色防控技术的苹果种植户若未采纳该技术，农户技术效率将下降3.9个百分点，即由户均73.9%下降至70.0%。而实际未采纳绿色防控技术的苹果种植户若采纳该技术，农户技术效率将上升18.2个百分点，即由户均66.9%上升至85.1%。可知，绿色防控技术采纳和农户技术效率之间为正相关关系。

第四，苹果种植户绿色防控技术采纳行为影响因素的研究结果包括四个方面。其一，农业补贴、社会网络和风险类型是影响农户绿色防控技术采纳行为中最重要的三个因素，分别体现了政府职能、信息获取和风险特征对农户技术采纳的重要影响。其二，信息获取途径中，农户的社会网络特征对其绿色防控技术采纳有显著影响，而信息网络特征影响并不显著。亲缘和地缘关系与技术型业缘关系对技术采纳起到了显著的促进作用，利润型业缘关系显著抑制了技术采纳。其三，风险特征中，在细分农户的风险类型后，得出了与现有研究不尽相同的结论。研究发现，农户的损失厌恶特征是影响绿色防控技术采纳的重要影响因素，而非风险规避特征。其四，具有受教育程度更高、参加技术培训次数更多等特征的苹果种植户更倾向于采纳绿色防控技术。

第五，绿色防控技术采纳的环境效应研究结果包括四个方面。其一，绿色防控技术的采纳显著地降低了果园生态系统内的农药投放强度、化学农药投放强度及浓度，降低了对环境的损害，验证绿色防控技术具有显著的环境效应。其二，绿色防控技术的不同子技术显著地降低果园生态系统内的农药投放水平。其中，生物防治技术降低了农药投放强度，生物防治技术、生态防治技术、科学用药技术和物理防治技术降低了化学农药投放强度。绿色防控技术合集的各个细类分别展现了经济效应和环境效应。其三，绿色防控技术采纳对果园生态系统内的农药投放量的影响存在异质性，具体来说，绿色防控技术采纳对年龄较小的苹果种植户的果园内农药投放量影响更大，对年龄较大的苹果种植户的果园内农药投放量影响更小；人均种植面积高的苹果种植户更倾向于采用更大生物农药投放强度、更小化学农药投放强度、农药总投放强度更高的防控手段组合。其四，绿色防控技术具有显著的环境效应，体现为正向的外部性和溢出效应，需要政府采纳适当的补贴手段进行推广。

综上，本研究得出以下结论：从农户视角来看，绿色防控技术的采纳可以提高农户的农业经营性收入，提高农业生产的技术效率，实现收入增加和节本增效；从政府视角来看，绿色防控技术的推广和扩散，既有助于帮助农户增收，又有助于环境保护，是一项兼顾经济效应和环境效应、值得采取有效措施大力推广的绿色生产技术；从技术采纳的角度来看，农户绿色防控技术采纳的广度和强度均不高，损失厌恶、农业补贴以及主要来源于社会网络的信息获取是影响农户绿色防控技术采纳的重要因素；从技术推广的角度来看，农技推广、农业补贴是推广绿色防控技术的良好手段，而采纳绿色防控技术的农产品不能得到苹果收购商的更高报价是绿色防控技术推广的重要阻碍。

第二节　建议与启示

一、多管齐下，拓宽绿色防控技术推广渠道

根据研究结论，农户采纳绿色防控技术的广度和强度仍处于较低水平。为进一步促进绿色防控技术的推广，应以不同参与主体为载体、多种方式方法为手段，加大绿色防控技术的宣传力度，提升农户的绿色防控技术认知水平，进而提高绿色防控技术采纳的普及广度和深度。具体来看，可以从以下三个方面进行多方推进。第一，应加强基层农技部门和农技推广人员与农户之间的交流与沟通。农技推广部门及其工作人员可以为农户

提供及时有效的病虫害预报信息，可以通过技术培训会介绍绿色防控技术的诸多优势，通过田间学校为农户展示绿色防控技术应用的规范和标准，促进农户对绿色防控技术的信任程度以及实操水平稳步提升，从而提高种植户采纳绿色防控技术的效果。通过示范作用，采纳绿色防控技术的农户可以进一步向未采纳绿色防控技术的农户传递绿色防控技术的有效信息，使未采纳绿色防控技术的农户采纳绿色防控技术。以农技部门为核心进行绿色防控技术的宣传与引导，是绿色防控技术推广中极为有效的方式，也是促进绿色防控技术纵深普及和发展的重要路径。第二，应重视农业生产过程中其他参与主体对农户采纳绿色防控技术的促进作用。根据研究结论，农资销售商和苹果收购商都可以对农户的绿色防控技术采纳决策产生显著影响，对农资销售商和苹果收购商与绿色防控技术采纳的影响效应分析和中介效应分析也验证了农资销售商和苹果收购商可以通过产量路径和质量路径对苹果种植户绿色防控技术采纳决策产生影响。但是，这些主体自身对绿色防控技术的了解并不深入，如果不进行相应培训，该类主体向农户传递的绿色防控技术信息可能是消极的甚至是存在偏误的。鼓励其他主体主动了解、学习、参加绿色防控技术培训，可以抑制反向宣传的可能，并与农技部门的宣传引导形成补充，共同推动绿色防控技术的扩散和推广。因此，充分发挥农业生产过程中其他参与主体的信息传递作用，是绿色防控技术推广措施中不可或缺的补充方式，有利于丰富绿色防控技术的传播途径。第三，应合理利用现代化、科技化的信息传递渠道。不仅要充分发挥电视、报纸、广播等传统传播媒介的宣传作用，而且还要重视短视频、公众号、自媒体等农户喜闻乐见的娱乐消遣渠道所具有的信息传递作用，通过寓教于乐的方式向农户推广绿色防控技术，提高绿色防控技术信息的可获得性和易接纳性，进而提升农户对绿色防控技术的认知程度和采纳程度。

二、因人而异，优化绿色防控技术推广策略

根据调研结论，不同户主特征、经营特征和资源禀赋的农户采纳绿色防控技术行为决策差异较大，因人而异制定推广策略能够有效促进绿色防

控技术的推广和扩散。具体来看，可以从以下四个方面进行多方推进。第一，根据农户特点制定绿色防控技术推广策略。对经营规模较大、老龄化程度较高、劳动力明显短缺的农户提供非劳动密集型绿色防控技术的信息和知识，或是提供绿色病虫害防控生产外包服务。另外，抓住农户的损失厌恶特征，加强对绿色防控技术具有保障苹果质量和保护环境作用的普及和宣传，改观农户对绿色防控技术的刻板印象。第二，绿色防控技术推广过程中更应照顾小农户、老龄农户等弱势群体。鼓励受教育水平较低、社会网络较为单一的农户参加讲解细致、通俗易懂的绿色防控技术的推广培训，并辅以图文并茂、简洁易懂的绿色防控技术宣传海报和宣传单，确保农户能够得到容易吸纳、易于操作、科学有效的绿色防控技术信息。第三，从农资供给角度出发，拓宽绿色防控技术相关产品的流通渠道。鼓励农资销售商提供不同种类、不同用途、不同价位的绿色防控农资产品，为农户提供可靠、便捷、绿色、多样的病虫害防治物资销售服务。特征和禀赋不同的农户会选择不同的病虫害防控技术组合，鼓励农资销售商为农户提供种类多样化、手段特制化、信息透明化的绿色病虫害防控清单，有效降低信息的不对称性，改变以往农户在农资市场中只能通过积攒经验并建立信任才能决定在哪购买、购买哪些病虫害防控物资的现状，进而推动绿色防控技术的扩散和应用。第四，政府部门应合理地增加绿色防控技术采纳的相关补贴。政府补贴可以弥补低收入农户采纳技术时付出的额外成本，降低技术采纳的成本门槛，为绿色防控技术的推广提供良好助力。

三、规范市场，肃清绿色防控技术推广的外部阻力

通过调研发现，农户的绿色防控技术采纳受到了农资市场和苹果市场双重外部阻力。一方面，绿色防控技术具有很强的外部性，如果苹果市场对苹果绿色生产并无要求，农户采纳绿色防控技术将承担额外的成本压力，加之如果政府部门对农户农药残留和安全质量监管不力的话，农户经济利益、公众食品安全以及生态环境保护都将面临"柠檬市场"下的"劣币驱逐良币"现象，农户采纳绿色防控技术的可能将大大降低。另一方面，农资产品价格逐年增长，农户的病虫害防治面临着巨大的成本压力。

调研发现，近年来农药种类日渐增多，同名或类似名称的农药更换一次包装就会涨一次价，农户苦不堪言却无计可施；而且，农户并不了解农药成分的具体含义，也不了解哪些农药是有效的生物农药，更不了解生物农药以及其他绿色防控技术设备和物资应如何使用，只能凭借经验以及农资销售商单方面提供的信息判断农药的效用，信息不对称现象普遍存在，这大大减少了农户采纳绿色防控技术的潜在动力以及苹果增收的可能性。因此，规范苹果市场和农资市场都对绿色防控技术推广具有重要的作用。政府主管部门应重视规范苹果市场和农资市场，厘清市场监管职责，完善协同监管体制，改变小农户在市场中的弱势地位，减少信息不对称现象对苹果种植户利益的损害，为绿色防控技术的推广从"两个市场"角度肃清外部阻力。

四、组织小农，助力农产品认证和绿色规模生产

实地调研过程中发现，研究区域内，苹果的农产品认证需要农业经营主体向当地苹果协会申请办理，因此具有认证条件和能力的经营主体大多是规模化种植户、家庭农场或大型苹果合作社，苹果协会不具备人力、物力和财力等条件为广大小农户提供无偿的认证服务，更不可能加以监督以保证其绿色生产的规范性。这一现状导致小农户难以通过采纳绿色防控技术生产取得认证的绿色农产品，最终难以获得优质优价、绿色生产的回报。因此，将小农户组织起来，创办和组建新型农业经营主体就显得尤为重要。小农户参加或组织创办新型农业经营主体，可以改变其在市场和机构面前的弱势地位，也可以将政府或机构监督和管理的成本内部化。一方面，新型经营主体具有规模效应，可以统购农资产品进而降低成本，可以申请绿色农产品认证，通过集体议价提高农产品的销售价格；另一方面，政府或机构只需要监督和督促经营主体的领办者或核心成员，通过领办者和核心成员的示范效应和主动监督推动其他农户采纳绿色防控技术，实现绿色生产的普及，这就极大降低了政府或机构的人力、物力和财力支出。例如，烟台地区党组织领办合作社已形成规模，将"组织小农—绿色生产—绿色认证—提质增效增收"这一路径在当地普及推广，是当地合作社

在基层改变"空壳"印象、充分发挥职能、实现乡村振兴的有效路径。

第三节　存在不足与未来展望

本研究运用山东省 409 户苹果种植户的实地调研数据，深入分析了苹果种植户绿色防控技术采纳的影响因素及其影响效应，并依据主要研究结论提出进一步推动苹果种植户绿色防控技术采纳的相关政策建议，具有重要的理论和现实意义，但是在研究内容、研究数据和研究方法等方面仍存在不足，这为未来研究提供了方向。

一、研究内容方面

本研究聚焦苹果种植户绿色防控技术采纳行为及其效应研究，其中，实证分析内容充分研究了核心解释变量对被解释变量的直接效应，但对间接效应和门槛效应的研究不够充分。另外，本研究未将不同绿色防控技术区分细类并分别研究其对农户经济环境效应的影响，这是本研究的不足之处之一。

二、研究数据方面

本研究仅对环渤海湾苹果优势种植区中的山东省展开实地调研，样本区域覆盖不够广，无法对环渤海湾苹果优势种植区其他省份（如华北地区等）、黄土高原苹果优势种植区省份（如陕西、甘肃等）等地区苹果种植户的绿色防控技术采纳行为进行对比分析，这也是未来的研究方向。除此之外，本书基于截面数据展开分析，忽视了部分影响因素可能存在的滞后效应，这也是未来研究需要改进的地方。

三、研究方法方面

本研究核心实证章节（第四章、第五章、第六章、第七章）运用了较丰富的计量分析方法探讨苹果种植户绿色防控技术采纳行为的相关因素及其效应，评估了绿色防控技术采纳行为的影响因素及其环境效应和经济效应，但是缺少对苹果种植户绿色防控技术采纳相关典型案例的梳理与挖掘。未来可通过对绿色防控技术采纳主体以及绿色防控技术规模化防治供给主体展开深入访谈的方式，运用典型案例分析方法，更加准确地挖掘出苹果种植户绿色防控技术采纳行为的深层原因。

参考文献

［1］蔡荣，等，2018. 土地流转对农户技术效率的影响［J］. 资源科学，40（04）：707-718.

［2］蔡荣，等，2019. 加入合作社促进了家庭农场选择环境友好型生产方式吗？——以化肥、农药减量施用为例［J］. 中国农村观察，（01）：51-65.

［3］蔡书凯，2013. 经济结构、耕地特征与病虫害绿色防控技术采纳的实证研究——基于安徽省 740 个水稻种植户的调查数据［J］. 中国农业大学学报，18（04）：208-215.

［4］陈超，等，2012. 基于角色分化视角的稻农生产环节外包行为研究——来自江苏省三县（市）的调查［J］. 经济问题，（09）：87-92.

［5］陈欢，等，2018. 农户病虫害统防统治服务采纳行为的影响因素——以江苏省水稻种植为例［J］. 西北农林科技大学学报（社会科学版），18（05）：104-111.

［6］陈欢，等，2017. 信息传递对农户施药行为及水稻产量的影响——江西省水稻种植户的实证分析［J］. 农业技术经济，（12）：23-31.

［7］陈雪婷，等，2020. 生态种养模式认知、采纳强度与收入效应——以长江中下游地区稻虾共作模式为例［J］. 中国农村经济，（10）：71-90.

［8］陈哲，等，2021. 城镇化发展对农业绿色生产效率的影响［J］. 统计与决策，37（12）：99-102.

［9］成华威，等，2015. 新生代农民工信息素养现状及培养路径探析［J］. 情报科学，33（02）：105-108，120.

［10］程琳琳，等，2019. 网络嵌入与风险感知对农户绿色耕作技术采纳行为的影响分析——基于湖北省615个农户的调查数据［J］. 长江流域资源与环境，28（07）：1736-1746.

［11］程鹏飞，等，2021. 农户认知、外部环境与绿色生产行为研究——基于新疆的调查数据［J］. 干旱区资源与环境，35（01）：29-35.

［12］仇焕广，等，2020. 风险偏好、风险感知与农户保护性耕作技术采纳［J］. 中国农村经济（07）：59-79.

［13］仇相玮，等，2020. 我国农药使用量增长的驱动因素分解：基于种植结构调整的视角［J］. 生态与农村环境学报，36（03）：325-333.

［14］储成兵，等，2013. 农户环境友好型农业生产行为研究——以使用环保农药为例［J］. 统计与信息论坛，28（03）：89-93.

［15］储成兵，2015a. 农户病虫害综合防治技术的采纳决策和采纳密度研究——基于Double-Hurdle模型的实证分析［J］. 农业技术经济，（09）：117-127.

［16］储成兵，2015b. 农户对农业生态环境退化认知的实证分析——基于安徽省402个农户的调查数据［J］. 广西经济管理干部学院学报，27（01）：95-101，108.

［17］丁玮，等，2022. 化肥减量配施生物炭对镉污染水稻土壤真菌群落的影响［J］. 江苏农业科学，50（15）：210-215.

［18］董君，2012. 农业产业特征和农村社会特征视角下的农业技术扩散约束机制——对曼斯菲尔德技术扩散理论的思考［J］. 科技进步与对策，29（10）：65-70.

［19］段文婷，等，2008. 计划行为理论述评［J］. 心理科学进展，（02）：315-320.

［20］范红忠，等，2014. 农户土地种植面积与土地生产率的关系——基于中西部七县（市）农户的调查数据［J］. 中国人口·资源与环境，24（12）：38-45.

［21］冯宏祖，2013. 棉花害虫防治的新途径——化学生态调控［J］. 中国棉花，40（03）：1-5.

［22］高凤彦，2013. 温室害虫生物防治和物理防治技术［J］. 现代农村科技，（19）：24-25.

［23］高晶晶，等，2019. 农户生产性特征对农药施用的影响：机制与证据［J］. 中国农村经济，（11）：83-99.

［24］高鸣，等，2014. 粮食生产技术效率的空间收敛及功能区差异——兼论技术扩散的空间涟漪效应［J］. 管理世界，（07）：83-92.

［25］高昕，2019. 乡村振兴战略背景下农户绿色生产行为内在影响因素的实证研究［J］. 经济经纬，36（03）：41-48.

［26］高延雷，等，2021. 农地转入、农户风险偏好与种植结构调整——基于 CHFS 微观数据的实证分析［J］. 农业技术经济，（08）：66-80.

［27］高杨，等，2019. 风险厌恶、信息获取能力与农户绿色防控技术采纳行为分析［J］. 中国农村经济，（08）：109-127.

［28］耿宇宁，等，2018. 农户绿色防控技术采纳的经济效应与环境效应评价——基于陕西省猕猴桃主产区的调查［J］. 科技管理研究，38（02）：245-251.

［29］耿宇宁，等，2017a. 经济激励、社会网络对农户绿色防控技术采纳行为的影响——来自陕西猕猴桃主产区的证据［J］. 华中农业大学学报（社会科学版），（06）：59-69，150.

［30］耿宇宁，等，2017b. 政府推广与供应链组织对农户生物防治技术采纳行为的影响［J］. 西北农林科技大学学报（社会科学版），17（01）：116-122.

［31］龚继红，等，2019. 农民绿色生产行为的实现机制——基于农民绿色生产意识与行为差异的视角［J］. 华中农业大学学报（社会科学版），（01）：68-76，165-166.

［32］古德祥，等，2000. 中国南方害虫生物防治 50 周年回顾［J］. 昆虫学报，（03）：327-335.

［33］管荣，2009. 浅谈 IPM 技术与农业可持续发展［J］. 中国植保导刊，29（09）：38-40.

［34］郭利京，等，2016. 基于调节聚焦理论的生物农药推广有效性研究［J］. 中国人口·资源与环境，26（04）：126-134.

［35］郭利京，等，2014. 非正式制度与农户亲环境行为——以农户秸秆处理行为为例［J］. 中国人口·资源与环境，24（11）：69-75.

［36］郭利京，等，2017. 认知冲突视角下农户生物农药施用意愿研究——基于江苏 639 户稻农的实证［J］. 南京农业大学学报（社会科学版），17（02）：123-133，154.

［37］郭清卉，等，2019. 个人规范对农户亲环境行为的影响分析——基于拓展的规范激活理论框架［J］. 长江流域资源与环境，28（05）：1176-1184.

［38］郭庆旺，等，2005. 中国全要素生产率的估算：1979—2004［J］. 经济研究，（06）：51-60.

［39］郭祥川，2014. 频振式杀虫灯物理防治水稻害虫［J］. 中国农业信息，（03）：111.

［40］何蒲明，等，2003. 试论农户经营行为对农业可持续发展的影响［J］. 农业技术经济，（02）：24-27.

［41］何一鸣，等，2020. 农业分工的制度逻辑——来自广东田野调查的验证［J］. 农村经济，（07）：1-13.

［42］何悦，等，2020. 农户过量施肥风险认知及环境友好型技术采纳行为的影响因素分析——基于四川省 380 个柑橘种植户的调查［J］. 中国农业资源与区划，41（05）：8-15.

［43］胡海华，2016. 社会网络强弱关系对农业技术扩散的影响——从个体到系统的视角［J］. 华中农业大学学报（社会科学版），（05）：47-54，144-145.

［44］胡新艳，等，2015. 交易特性、生产特性与农业生产环节可分工性——基于专家问卷的分析［J］. 农业技术经济，（11）：14-23.

［45］胡新艳，等，2016. 产权细分、分工深化与农业服务规模经营［J］. 天津社会科学，（04）：93-98.

［46］黄晓慧，等，2019. 农户水土保持技术采用行为研究——基于黄

土高原 1152 户农户的调查数据 ［J］. 西北农林科技大学学报（社会科学版），19（02）：133-141.

［47］黄炎忠，等，2018. 既吃又卖：稻农的生物农药施用行为差异分析 ［J］. 中国农村经济，（07）：63-78.

［48］黄祖辉，等，2014. 非农就业、土地流转与土地细碎化对稻农技术效率的影响 ［J］. 中国农村经济，（11）：4-16.

［49］纪月清，等，2016. 农业劳动力特征、土地细碎化与农机社会化服务 ［J］. 农业现代化研究，37（05）：910-916.

［50］江鑫，等，2019. 耕地规模经营、农户非农兼业和家庭农业劳动生产率——来自湖南省的抽样调查证据 ［J］. 农业技术经济，（12）：4-20.

［51］姜健，等，2016. 信息能力对菜农施药行为转变的影响研究 ［J］. 农业技术经济，（12）：43-53.

［52］孔祥智，等，2004. 西部地区农户禀赋对农业技术采纳的影响分析 ［J］. 经济研究，（12）：85-95+122.

［53］邝佛缘，等，2017. 生计资本对农户耕地保护意愿的影响分析——以江西省 587 份问卷为例 ［J］. 中国土地科学，31（02）：58-66.

［54］邝佛缘，等，2022. 农户绿色生产技术采纳行为及其效应——以测土配方施肥技术为例 ［J］. 中国农业大学学报，27（10）：226-235.

［55］旷浩源，2014a. 农村社会网络与农业技术扩散的关系研究——以 G 乡养猪技术扩散为例 ［J］. 科学为研究，32（10）：1518-1524.

［56］旷浩源，2014b. 农业技术扩散中信息资源获取模式研究——基于社会网络视角 ［J］. 情报杂志，33（07）：194-198+193.

［57］冷春蒙，等，2020. 3 种绿色防控技术对小菜蛾的防治效果 ［J］. 西北农业学报，29（08）：1278-1284.

［58］李成龙，等，2020. 劳动力禀赋、风险规避与病虫害统防统治技术采纳 ［J］. 长江流域资源与环境，29（06）：1454-1461.

［59］李丹，等，2012. 水稻病虫害绿色防控技术的防效评估 ［J］. 贵州农业科学，40（07）：123-128.

［60］李芬妮，等，2019. 非正式制度、环境规制对农户绿色生产行为

的影响——基于湖北 1105 份农户调查数据［J］．资源科学，41（07）：1227-1239.

［61］李福夺，等，2021．农户绿肥种植意愿与行为悖离发生机制研究——基于湘、赣、桂、皖、豫五省（区）854 户农户的调查［J］．当代经济管理，43（01）：59-67.

［62］李谷成，等，2010．中国农业全要素生产率增长：技术推进抑或效率驱动——一项基于随机前沿生产函数的行业比较研究［J］．农业技术经济，（05）：4-14.

［63］李昊，等，2018．农户农药施用行为及其影响因素——来自鲁、晋、陕、甘四省 693 份经济作物种植户的经验证据［J］．干旱区资源与环境，32（02）：161-168.

［64］李昊，等，2017．基于面板数据聚类分析的土地生态安全评价研究——以陕西省为例［J］．地域研究与开发，36（06）：136-141.

［65］李后建，2012．农户对循环农业技术采纳意愿的影响因素实证分析［J］．中国农村观察，（02）：28-36，66.

［66］李建标，等，2015．风险态度影响信任行为的情景依赖性——实验经济学的检验［J］．财经问题研究，（03）：3-10.

［67］李景刚，等，2014．农户风险意识对土地流转决策行为的影响［J］．农业技术经济，（11）：21-30.

［68］李林艳，2004．社会空间的另一种想象——社会网络分析的结构视野［J］．社会学研究，（03）：64-75.

［69］李秦，等，2019．玉米叶色突变体研究进展［J］．南方农业，13（28）：14-21，27.

［70］李世杰，等，2013．农户认知、农药补贴与农户安全农产品生产用药意愿——基于对海南省冬季瓜菜种植农户的问卷调查［J］．中国农村观察，（05）：55-69+97.

［71］李守伟，等，2019．农业污染背景下农业补贴政策的作用机理与效应分析［J］．中国人口·资源与环境，29（02）：97-105.

［72］李学荣，等，2019．农户清洁生产技术采纳意愿及影响因素的实

证分析 [J]. 农业现代化研究, 40 (02): 299-307.

[73] 李忠旭, 等, 2021. 土地托管对农户家庭经济福利的影响——基于非农就业与农业产出的中介效应 [J]. 农业技术经济, (01): 20-31.

[74] 林兰, 2010. 技术扩散理论的研究与进展 [J]. 经济地理, 30 (08): 1233-1239, 1271.

[75] 刘爱珍, 等, 2019. 生产环节外包能提高水稻生产技术效率吗?——来自四川省 649 户稻农的实证 [J]. 南方农村, 35 (02): 4-10.

[76] 刘道贵, 2005. 实施棉花 IPM 项目对池州市贵池区棉花生产及棉农行为的影响 [J]. 现代农业科技, (01): 51-52.

[77] 刘迪, 等, 2019. 市场与政府对农户绿色防控技术采纳的协同作用分析 [J]. 长江流域资源与环境, 28 (05): 1154-1163.

[78] 刘晗, 等, 2020. 经营效益、交易成本与农户生产分工——基于参数估计和夏普里值分解的分析 [J]. 农村经济, (02): 106-112.

[79] 刘晗, 等, 2017. 农户生产分工差别化影响因素研究——基于种植业调查的实证分析 [J]. 农业技术经济, (05): 67-76.

[80] 刘家成, 等, 2019. 村庄和谐治理与农户分散生产的集体协调——来自中国水稻种植户生产环节外包的证据 [J]. 南京大学学报 (哲学·人文科学·社会科学), 56 (04): 107-118.

[81] 刘可, 等, 2019. 资本禀赋异质性对农户生态生产行为的影响研究——基于水平和结构的双重视角分析 [J]. 中国人口·资源与环境, 29 (02): 87-96.

[82] 刘明宇, 2004. 分工抑制与农民的制度性贫困 [J]. 农业经济问题, (02): 53-57+80.

[83] 刘起林, 等, 2020. 农业病虫害防治外包的农户增收效应研究——基于湖南、安徽和浙江三省的农户调查 [J]. 农村经济, (08): 118-125.

[84] 刘莹, 等, 2010. 农户多目标种植决策模型与目标权重的估计 [J]. 经济研究, 45 (01): 148-157, 160.

[85] 刘铮, 等, 2018. 信息能力、环境风险感知与养殖户亲环境行为

采纳——基于辽宁省肉鸡养殖户的实证检验［J］.农业技术经济，（10）：135-144.

［86］龙少波，等，2021.中国农业全要素生产率的再测算及影响因素——从传统迈向高质量发展［J］.财经问题研究，（08）：40-51.

［87］路明，等，2019.双重视角下农户绿色防控技术采纳行为分析——来自江苏省草莓主产区的微观数据［J］.江苏农业科学，47（09）：88-92.

［88］罗必良，2008.论农业分工的有限性及其政策含义［J］.贵州社会科学，（01）：80-87.

［89］罗岚，等，2022.认知规范、制度环境与农户绿色生产技术多阶段动态采纳过程——基于 Triple-Hurdle 模型的分析［J］.农业技术经济，（10）：98-113.

［90］吕杰，等，2021.风险规避、社会网络与农户化肥过量施用行为——来自东北三省玉米种植农户的调研数据［J］.农业技术经济，（07）：4-17.

［91］马世骏，1965.根除蝗害的阶段性［J］.科学通报，（12）：1072-1077.

［92］毛慧，等，2022.风险厌恶与农户气候适应性技术采用行为——基于新疆植棉农户的实证分析［J］.中国农村观察，（01）：126-145.

［93］冒佩华，等，2015.农地经营权流转与农民劳动生产率提高：理论与实证［J］.经济研究，50（11）：161-176.

［94］莫晓畅，等，2016.水稻害虫化学生态调控研究进展［J］.应用昆虫学报，53（03）：435-445.

［95］穆月英，等，2022.我国"藏粮于技"战略的实现路径与对策研究［J］.中州学刊，312（12）：40-48.

［96］彭新慧，等，2022.互联网使用对苹果种植户绿色生产技术采纳行为的影响［J］.北方园艺，（17）：147-153.

［97］钱龙，等，2016.非农就业、土地流转与农业生产效率变化——基于 CFPS 的实证分析［J］.中国农村经济，（12）：2-16.

［98］乔丹，等，2017. 社会网络、信息获取与农户节水灌溉技术采用——以甘肃省民勤县为例［J］. 南京农业大学学报（社会科学版），17（04）：147-155，160.

［99］邱海兰，等，2019. 农业生产性服务能否促进农民收入增长［J］. 广东财经大学学报，34（05）：100-112.

［100］桑贤策，等，2021. 政策激励、生态认知与农户有机肥施用行为——基于有调节的中介效应模型［J］. 中国生态农业学报（中英文），29（07）：1274-1284.

［101］尚光引，等，2021. 政策认知对农户低碳农业技术采纳决策的影响［J］. 应用生态学报，32（04）：1373-1382.

［102］申红芳，等，2015. 中国水稻生产环节外包价格的决定机制——基于全国6省20县的空间计量分析［J］. 中国农村观察，（06）：34-46+95.

［103］石洪景，2015. 农户采纳台湾农业技术行为及其影响因素分析——基于制度及其认知视角的分析［J］. 湖南农业大学学报（社会科学版），16（01）：25-30.

［104］孙顶强，等，2016. 生产性服务对中国水稻生产技术效率的影响——基于吉、浙、湘、川4省微观调查数据的实证分析［J］. 中国农村经济，（08）：70-81.

［105］孙顶强，等，2022. 病虫害统防统治服务的产出效应与风险效应研究——基于江苏省水稻种植户的实证分析［J］. 农业技术经济，（02）：4-15.

［106］孙瑜，等，2020. 基于熵值法的苹果主产区绿色发展水平评价研究［J］. 林业经济，42（09）：87-96.

［107］谈存峰，等，2017. 农田循环生产技术农户采纳意愿影响因素分析——西北内陆河灌区样本农户数据［J］. 干旱区资源与环境，31（08）：33-37.

［108］田云，等，2015. 碳排放约束下的中国农业生产率增长与分解研究［J］. 干旱区资源与环境，29（11）：7-12.

［109］童洪志，等，2017. 农户秸秆还田技术采纳行为影响因素实证研究——基于 311 户农户的调查数据［J］. 农村经济，（04）：108-114.

［110］童锐，等，2020. 补贴政策、效果认知与农户绿色防控技术采用行为——基于陕西省苹果主产区的调查［J］. 科技管理研究，40（19）：124-129.

［111］汪紫钰，等，2019. 水稻生产环节外包决策及其生产率效应研究［J］. 新疆农垦经济，（05）：38-49.

［112］王常伟，等，2013. 市场 VS 政府，什么力量影响了我国菜农农药用量的选择？［J］. 管理世界，（11）：50-66，187-188.

［113］王成利，等，2021. 农地退出意愿对化肥、农药使用强度的影响——基于鲁、苏、皖三省农户的实证分析［J］. 中国人口·资源与环境，31（03）：184-192.

［114］王聪聪，等，2022. 中国苹果绿色全要素生产率测算与产区差异［J］. 中国农业资源与区划，43（11）：10-19.

［115］王格玲，等，2015. 社会网络影响农户技术采用倒 U 形关系的检验——以甘肃省民勤县节水灌溉技术采用为例［J］. 农业技术经济，（10）：92-106.

［116］王杰，等，2023. 不确定性信息表示及推理［J］. 控制与决策：38（10）：2479-2763.

［117］王京安，等，2003. 解决"三农"问题的根本：基于分工理论的思考［J］. 南方经济，（02）：60-62，47.

［118］王静，等，2021. 宅基地退出对农户农业生产效率的影响——基于安徽省金寨县 473 份农户样本［J］. 中国土地科学，35（07）：71-80，88.

［119］王梅，等，2018. 农地整治权属调整中农户认知与行为的一致性研究［J］. 资源科学，40（01）：53-63.

［120］王绪龙，等，2018. 行为态度与农户施药行为的关系研究［J］. 江苏农业科学，46（04）：276-279.

［121］王玉斌，等，2019. 农业生产性服务、粮食增产与农民增

收——基于 CHIP 数据的实证分析［J］. 财经科学，（03）：92-104.

［122］王玉斌，等，2022. 病虫害防治外包提高了农民收入吗——基于安徽和江苏两省水稻种植户的实证分析［J］. 农业技术经济，（10）：132-143.

［123］王玉龙，等，2010. 技术扩散过程中农民经营行为转变的实证分析［J］. 经济经纬，（02）：112-116.

［124］王振营，等，2000. 我国研究亚洲玉米螟历史、现状与展望［J］. 沈阳农业大学学报，（05）：402-412.

［125］温忠麟，等，2014. 中介效应分析：方法和模型发展［J］. 心理科学进展，22（05）：731-745.

［126］邬兰娅，等，2017. 环境感知、制度情境对生猪养殖户环境成本内部化行为的影响——以粪污无害化处理为例［J］. 华中农业大学学报（社会科学版），（05）：28-35，145.

［127］吴孔明，等，2000. 环渤海湾地区棉铃虫的抗药性水平及成因分析［J］. 植物保护学报，（02）：173-178.

［128］吴雪莲，等，2016. 农户高效农药喷雾技术采纳意愿——影响因素及其差异性分析［J］. 中国农业大学学报，21（04）：137-148.

［129］萧玉涛，等，2019. 中国农业害虫防治科技 70 年的成就与展望［J］. 应用昆虫学报，56（06）：1115-1124.

［130］谢琳，等，2020. 技术进步、信任格局与农业生产环节外包［J］. 农业技术经济，（11）：4-16.

［131］熊航，等，2021. 创新扩散中的同伴效应：基于农业新品种采纳的案例分析［J］. 华中农业大学学报（社会科学版），（03）：93-106，187-188.

［132］熊鹰，等，2019. 四川省环境友好型农业生产效率测算及影响因素研究——基于超效率 DEA 模型和空间面板 STIRPAT 模型［J］. 中国生态农业学报（中英文），27（07）：1134-1146.

［133］徐红星，等，2017. 我国水稻害虫绿色防控技术的研究进展与应用现状［J］. 植物保护学报，44（06）：925-939.

［134］闫阿倩，等，2021. 社会化服务对农户农药减量行为的影响研究［J］. 干旱区资源与环境，35（10）：91-97.

［135］严海连，等，2022. 我国农业病虫害绿色防控技术综述［J］. 安徽农业科学，50（24）：5-9.

［136］燕宁，等，2020. 山东省农户有机肥与配方肥施用行为评价及影响因素分析［J］. 农村经济与科技，31（07）：73-76.

［137］杨程方，等，2021. 农户信息素养的福利效应研究——基于蔬菜种植规模的门槛回归分析［J］. 调研世界，（03）：22-29.

［138］杨程方，等，2020. 信息素养、绿色防控技术采用行为对农户收入的影响［J］. 中国生态农业学报（中英文），28（11）：1823-1834.

［139］杨福霞，等，2021. 价值感知视角下生态补偿方式对农户绿色生产行为的影响［J］. 中国人口·资源与环境，31（04）：164-171.

［140］杨钢桥，等，2018. 耕地流转对农户水稻生产技术效率的影响研究——以武汉都市圈为例［J］. 中国人口·资源与环境，28（05）：142-151.

［141］杨高第，等，2022. 农业生产性服务对农户耕地质量保护行为的影响——来自江汉平原水稻主产区的证据［J］. 自然资源学报，37（07）：1848-1864.

［142］杨梦晴，等，2016. 信息素养对移动图书馆用户使用态度影响实证研究——基于信息生态视角的分析［J］. 图书馆学研究，（17）：6-12.

［143］杨柠泽，等，2018. 信息获取媒介对农村居民生计选择的影响研究——基于CGSS2013调查数据的实证分析［J］. 农业技术经济，（05）：52-65.

［144］杨普云，等，2007. 云南小规模农户蔬菜种植习惯和病虫防治行为研究［J］. 植物保护，（06）：94-99.

［145］杨普云，等，2018. 促进农作物病虫害绿色防控技术推广应用——2011至2017年全国农作物重大病虫害防控技术方案要点评述［J］. 植物保护，44（01）：6-8.

［146］杨思雨，等，2021. 农机社会化服务对玉米生产技术效率的影

响研究 [J]. 中国农业资源与区划, 42 (04): 118-125.

[147] 杨小凯, 1994. 企业理论的新发展 [J]. 经济研究, (07): 60-65.

[148] 杨兴杰, 等, 2021. 市场与政府一定能促进农户采纳生态农业技术吗——以农户采纳稻虾共作技术为例 [J]. 长江流域资源与环境, 30 (04): 1016-1026.

[149] 杨兴杰, 等, 2021. 新型农业经营主体能促进生态农业技术推广吗——以稻虾共养技术为例 [J]. 长江流域资源与环境, 30 (10): 2545-2556.

[150] 杨钰蓉, 等, 2021. 不同激励方式对农户绿色生产行为的影响——以生物农药施用为例 [J]. 世界农业, (04): 53-64.

[151] 杨志海, 等, 2015. 不同代际农民耕地质量保护行为研究——基于鄂豫两省 829 户农户的调研 [J]. 农业技术经济, (10): 48-56.

[152] 杨志海, 2018. 老龄化、社会网络与农户绿色生产技术采纳行为——来自长江流域六省农户数据的验证 [J]. 中国农村观察, (04): 44-58.

[153] 杨志海, 2019. 生产环节外包改善了农户福利吗？——来自长江流域水稻种植农户的证据 [J]. 中国农村经济, (04): 73-91.

[154] 杨子, 等, 2019a. 农业社会化服务对土地规模经营的影响——基于农户土地转入视角的实证分析 [J]. 中国农村经济, (03): 82-95.

[155] 杨子, 等, 2019b. 农业社会化服务能推动小农对接农业现代化吗——基于技术效率视角 [J]. 农业技术经济, (09): 16-26.

[156] 杨宗耀, 等, 2020a. 土地流转背景下农户经营规模与土地生产率关系再审视——来自固定粮农和地块的证据 [J]. 农业经济问题, (04): 37-48.

[157] 杨宗耀, 等, 2020b. 农机作业服务的地块规模经济研究——以江苏省水稻收割为例 [J]. 农业现代化研究, 41 (05): 793-802.

[158] 叶文武, 等, 2023. 中国大豆病虫害发生现状及全程绿色防控技术研究进展 [J]. 植物保护学报, 50 (02): 265-273.

［159］易福南，等，2022.农户认知、经济激励与农户绿色防控技术采纳行为研究——基于海南省万宁市 347 个槟榔种植户的调查数据［J］.林业经济，44（07）：52-66.

［160］应瑞瑶，等，2014.农户采纳农业社会化服务的示范效应分析——以病虫害统防统治为例［J］.中国农村经济，(08)：30-41.

［161］于艳丽，等，2020.社区监督、风险认知与农户绿色生产行为——来自茶农施药环节的实证分析［J］.农业技术经济，(12)：109-121.

［162］喻永红，等，2012.农民健康危害认知与保护性耕作措施采用——对湖北省稻农 IPM 采用行为的实证分析［J］.农业技术经济，(02)：54-62.

［163］喻永红，等，2009.农户采用水稻 IPM 技术的意愿及其影响因素——基于湖北省的调查数据［J］.中国农村经济，(11)：77-86.

［164］袁雪霈，等，2019.交易模式对农户安全生产行为的影响——来自苹果主产区 1001 户种植户的实证分析［J］.农业技术经济，(10)：27-37.

［165］展进涛，等，2020.农户施用农药的效率测度与减少错配的驱动力量——基于中国桃主产县 524 个种植户的实证分析［J］.南京农业大学学报（社会科学版），20（06）：148-156.

［166］张复宏，等，2021.苹果种植户采纳测土配方施肥技术的经济效果评价——基于 PSM 及成本效率模型的实证分析［J］.农业技术经济，(04)：59-72.

［167］张慧仪，2020.政府介入、市场激励对农户采纳绿色防控技术行为的影响分析［J］.福建茶叶，42（03）：55-56.

［168］张雷，等，2009.论农业信息化对我国农业产业化的影响［J］.现代农业科技，(08)：246-247.

［169］张利国，等，2019.大湖地区种稻户专业化统防统治采纳意愿研究［J］.经济地理，39（03）：180-186.

［170］张永强，等，2020.预期相对净收益视角下的蔬菜播种面积变

化分析——基于 2011~2017 年蔬菜主产省区面板数据 [J]. 农业经济与管理, (01): 25-33.

[171] 张永强, 等, 2021a. 社会化服务模式对农户技术效率的影响 [J]. 农业技术经济, (06): 84-100.

[172] 张永强, 等, 2021b. 农户 IPM 技术采纳行为影响因素研究——基于黑龙江省稻农调查数据的实证 [J]. 东北农业大学学报 (社会科学版), 19 (02): 57-68.

[173] 张占录, 等, 2021. 基于计划行为理论的农户主观认知对土地流转行为影响机制研究 [J]. 中国土地科学, 35 (04): 53-62.

[174] 张忠军, 等, 2015. 农业生产性服务外包对水稻生产率的影响研究——基于 358 个农户的实证分析 [J]. 农业经济问题, 36 (10): 69-76.

[175] 章德宾, 等, 2019. 基于无标度网络的农户 ADM 决策羊群效应仿真研究 [J]. 华中农业大学学报 (社会科学版), (02): 71-80, 166.

[176] 赵丹丹, 等, 2020. 农业生产集聚: 如何提高粮食生产效率——基于不同发展路径的再考察 [J]. 农业技术经济, (08): 13-28.

[177] 赵景, 等, 2022. 水稻害虫绿色防控技术研究的发展现状及展望 [J]. 华中农业大学学报, 41 (01): 92-104.

[178] 赵连阁, 等, 2012. 农户 IPM 技术采纳行为影响因素分析——基于安徽省芜湖市的实证 [J]. 农业经济问题, 33 (03): 50-57, 111.

[179] 赵连阁, 等, 2013. 晚稻种植农户 IPM 技术采纳的农药成本节约和粮食增产效果分析 [J]. 中国农村经济, (05): 78-87.

[180] 赵培芳, 等, 2020. 农户兼业对农业生产环节外包行为的影响——基于湘皖两省水稻种植户的实证研究 [J]. 华中农业大学学报 (社会科学版), (01): 38-46, 163.

[181] 赵秋倩, 等, 2020. 农业劳动力老龄化、社会网络嵌入对农户农技推广服务获取的影响研究 [J]. 华中农业大学学报 (社会科学版), (04): 79-88, 177-178.

[182] 赵善欢, 1962. 农业害虫化学防治研究的现状及今后发展方向

［J］. 植物保护学报，（04）：351-364.

［183］赵秀梅，等，2014. 黑龙江省玉米穗期主要害虫发生概况及防治对策［J］. 中国植保导刊，34（11）：37-39.

［184］郑宏运，等，2021. 农业资源再配置的生产率效应评估［J］. 华中农业大学学报（社会科学版），（05）：45-53，193.

［185］郑纪刚，等，2022. 外包服务有助于减少农药过量施用吗——基于经营规模调节作用的分析［J］. 农业技术经济，（02）：16-27.

［186］郑淋议，等，2021. 新一轮农地确权对耕地生态保护的影响——以化肥、农药施用为例［J］. 中国农村经济，（06）：76-93.

［187］周波，等，2010. 国外农户现代农业技术应用问题研究综述［J］. 首都经济贸易大学学报，12（05）：94-101.

［188］周宏，等，2014. 生态价值评估方法与补偿标准应用情况研究［J］. 调研世界，（11）：51-54.

［189］周建华，等，2012. 资源节约型与环境友好型技术的农户采纳限定因素分析［J］. 中国农村观察，（02）：37-43.

［190］周明牂，1956. 农业防治法概论［J］. 昆虫知识，（02）：51-54.

［191］周曙东，等，2013. 农户农药施药效率测算、影响因素及其与农药生产率关系研究——对农药损失控制生产函数的改进［J］. 农业技术经济，（03）：4-14.

［192］朱淀，等，2014. 蔬菜种植农户施用生物农药意愿研究［J］. 中国人口·资源与环境，24（04）：64-70.

［193］朱月季，等，2015. 非洲农户资源禀赋、内在感知对技术采纳的影响——基于埃塞俄比亚奥罗米亚州的农户调查［J］. 资源科学，37（08）：1629-1638.

［194］诸培新，等，2016. 农户兼业阶段性分化探析［J］. 中国人口·资源与环境，26（02）：102-110.

［195］庄天慧，等，2021. 农业补贴抑制了农药施用行为吗？［J］. 农村经济，（07）：120-128.

[196] Ahuja D B, Rajpurohit T S, Singh M, et al. Development of integrated pest management technology for sesame (Sesamum indicum) and its evaluation in farmer participatory mode [J]. Indian Journal of Agricultural Sciences, 2009, 79 (10): 808-812.

[197] Ajzen I. Attitudes, Traits, and Actions: Dispositional Prediction of Behavior in Personality and Social Psychology [M]. 1987.

[198] Ajzen I. The theory of planned behavior [J]. Organizational Behavior & Human Decision Processes, 1991, 50 (2): 179-211.

[199] Bamlaku, Alamirew, Harald, et al. Do land transfers to international investors contribute to employment generation and local food security?: Evidence from Oromia Region, Ethiopia [J]. International Journal of Social Economics, 2015.

[200] Brick K I, Visser M. Risk preferences, technology adoption and insurance uptake: A framed experiment [J]. Journal of Economic Behavior & Organization, 2015, 118 (OCT.): 383-396.

[201] Burt, Ronald S. Structural holes and good ideas [J]. American Journal of Sociology, 2004, 110 (2): 349-399.

[202] Centola D, Macy M. Complex Contagions and the Weakness of Long Ties [J]. American Journal of Sociology, 2007, 113 (3): 702-734.

[203] Centola, Damon. The Spread of Behavior in an Online Social Network Experiment. [J]. Science, 2010.

[204] Christopher, J, Armitage, et al. Efficacy of the Theory of Planned Behaviour: A meta-analytic review [J]. British Journal of Social Psychology, 2001, 40 (4): 471-499.

[205] Coleman J S. Social Capital in the Creation of Human Capital. American [J]. American Journal of Sociology, 1988.

[206] Cuyno L, Norton G W, Rola A. Economic analysis of environmental benefits of integrated pest management: a Philippine case study [J]. Agricultural Economics, 2001, 25.

[207] Esselaar S. The case for the regulation of call termination in South Africa: an Economic Evaluation. 2007.

[208] Farrell M J, Farrell J, Nolanfarrell M, et al. The measurement of productive efficency. 1957.

[209] Fernandez-Cornejo J. Environmental and economic consequences of technology adoption: IPM in viticulture [J]. Agricultural Economics, 1998.

[210] Fishbein, M. An Investigation of the Relationships between Beliefs about an Object and the Attitude toward that Object [J]. Human Relations, 1963, 16 (3): 233-239.

[211] Genius, M, Nauges, et al. Information transmission in irrigation technology adoption and diffusion: social learning, extension services, and spatial effects. [J]. American Journal of Agricultural Economics, 2014.

[212] Ghadim A, Pannell D J, Burton M P. Risk, uncertainty, and learning in adoption of a crop innovation [J]. Agricultural Economics, 2005, 33 (1): 1-9.

[213] Githiomi C, Muriithi B, Irungu P, et al. Economic analysis of spillover effects of an integrated pest management (IPM) strategy for suppression of mango fruit fly in Kenya [J]. Food Policy, 2019.

[214] Granovetter M, Swedberg R, Polanyi K, et al. The Sociology of Economic Life [J]. American Journal of Sociology, 1993, 31 (2): 170.

[215] Granovetter M, Tilly C. Inequality and labor processes. [J]. 1988.

[216] Granovetter M. The Impact of Social Structure on Economic Outcomes [J]. The Journal of Economic Perspectives, 2005.

[217] Griliches Z. Hybrid Corn: An Exploration in the Economics of Technological Change [J]. Econometrica, 1957, 25 (4): 501-522.

[218] Heckman J J, Ichimura H, Todd P. Matching as An Econometric Evaluation Estimator [J]. Review of Economic Studies, 1998 (2): 261-294.

[219] Isoto, Rosemary E, Kraybill, et al. Impact of integrated pest man-

agement technologies on farm revenues of rural households: The case of small-holder Arabica coffee farmers [J]. African Journal of Agricultural & Resource Economics, 2014, 09 (2).

[220] Jd A, Vr A, Fc B. Factors affecting farmers' adoption of integrated pest management in Serbia: An application of the theory of planned behavior [J]. Journal of Cleaner Production, 2019, 228: 1196-1205.

[221] Kibira M N. Economic Evaluation of Integrated Pest Management Technology for Control of Mango Fruit Flies in Embu County, Kenya [J]. Kenyatta University, 2015.

[222] Kouser S, Qaim M. Impact of Bt cotton on pesticide poisoning in smallholder agriculture: A panel data analysis [J]. Ecological Economics, 2011, 70 (11): 2105-2113.

[223] Laplaze L, Gherbi H, Frutz T, et al. Flavan-Containing Cells Delimit Frankia-Infected Compartments in Casuarina glauca Nodules 1 [J]. Plant Physiology, 1999.

[224] Maag, Erb, Kollner, et al. Defensive weapons and defense signals in plants: Some metabolites serve both roles [J]. BIOESSAYS, 2015, 37 (2): 167-174.

[225] Manglani M, Tony Montalvo C. Understand receiver dynamics and AGC tradeoffs in WiMAX femto and picocells [J]. Electronic Engineering Times, 2008 (1544): 49-50, 52.

[226] Meng L I, Gan C, Wanglin M, et al. Impact of cash crop cultivation on household income and migration decisions: Evidence from low-income regions in China [J]. 中国农业科学 (英文版), 2020, 19 (10): 2571-2581.

[227] Mitchell I. SOCIOLOGICAL APPROACH TO SOCIAL PROBLEMS -TIMMS, N [J]. INTERNATIONAL JOURNAL OF COMPARATIVE SOCIOLOGY, 1969, 10 (1-2): 201.

[228] Muriithi, Beatrice W. Affognon, HippolyteDiiro, et al. Impact as-

sessment of Integrated Pest Management (IPM) strategy for suppression of mango-infesting fruit flies in Kenya [J]. Crop Protection, 2016, 81 (Null).

[229] Ng T L, Eheart J W, Cai X, et al. An agent-based model of farmer decision-making and water quality impacts at the watershed scale under markets for carbon allowances and a second - generation biofuel crop [J]. Water Resources Research, 2011, 47 (9): 113-120.

[230] Niemi J, Pietola K. Land use response to agricultural policy and market movement on Finnish dairy-farms [J]. 2001.

[231] Ouma E, Dubois T, Kabunga N, et al. Adoption and impact of tissue culture bananas in Burundi: an application of a propensity score matching approach [M]. 2013.

[232] Pordhiya K I, GAUTAM, Singh D, et al. Impact analysis of vocational training on scientific dairy farming in haryana. 2017.

[233] Pretty J, Bharucha Z P. Integrated Pest Management for Sustainable Intensification of Agriculture in Asia and Africa [J]. Insects, 2015, 6 (1): 152-182.

[234] Romy, Greiner, et al. Farmers' intrinsic motivations, barriers to the adoption of conservation practices and effectiveness of policy instruments: Empirical evidence from northern Australia [J]. Land Use Policy, 2011.

[235] Rosenzweig M, Foster A D. Imperfect Commitment, Altruism, and the Family: Evidence from Transfer Behavior in Low-Income Rural Areas [J]. Home Pages, 1995.

[236] Samiee A, Rezvanfar A, Faham E. Factors influencing the adoption of integrated pest management (IPM) by wheat growers in Varamin County, Iran [J]. African Journal of Agricultural Research, 2009, 4 (5): 491-497.

[237] Schuman M C, Allmann S, Baldwin I T. Plant defense phenotypes determine the consequences of volatile emission for individuals and neighbors [J]. eLife, 2015 (4).

[238] Setiyono T D, Cassman K G, Specht J E, et al. Simulation of soy-

bean growth and yield in near-optimal growth conditions [J]. Field Crops Research, 2010, 119 (1): 161-174.

[239] Stark O, Taylor J E. Relative Deprivation and Migration: Theory, Evidence, and Policy Implications [J]. EconStor Open Access Articles and Book Chapters, 1991.

[240] Sunding D, Zilberman D. Chapter 4 The agricultural innovation process: Research and technology adoption in a changing agricultural sector [J]. Handbook of Agricultural Economics, 2001.

[241] Timprasert S, Datta A, Ranamukhaarachchi S L. Factors determining adoption of integrated pest management by vegetable growers in Nakhon Ratchasima Province, Thailand [J]. Crop Protection, 2014, 62: 32-39.

[242] Tversky K A. Prospect Theory: An Analysis of Decision under Risk [J]. Econometrica, 1979, 47 (2): 263-291.

[243] Von N J, Osker N. Theory of games and economic behaviour [M]. Princeton University press, 1944.

[244] Youssef S B, et al. R&D environnementale [Regulation of a duopoly and environmental R&D] [J]. MPRA Paper, 2010.

[245] Zeweld W, Huylenbroeck G V, Tesfay G, et al. Smallholder farmers' behavioural intentions towards sustainable agricultural practices [J]. Journal of Environmental Management, 2017, 187 (1): 71-81.